算数だリル　1年生　もくじ

入学前

1年生

おうちの方へ

教科書の内容すべてではなく、特につまずきやすい単元や次学年につながる内容を中心に構成しています。前の学年の内容でつまずきがあれば、さらにさかのぼって学習するのも効果的です。

キャラクターしょうかい

コッツはかせ

コツメカワウソのおじいさん。
子どもの算数の力を育てるための研究をしている。

カワちゃん

コツメカワウソの小学生。
休み時間にボールで遊ぶのが大好き！

ロボたま 次世代型算数ロボット＝ロボたま０号

コッツはかせがつくったロボット。
自分で考えて動けて進化できる、すごいやつ。

がんばろうね

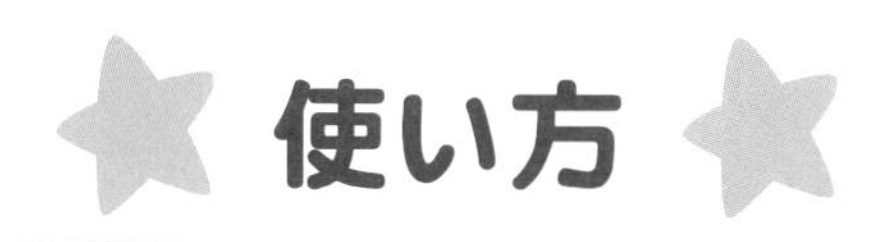

使い方

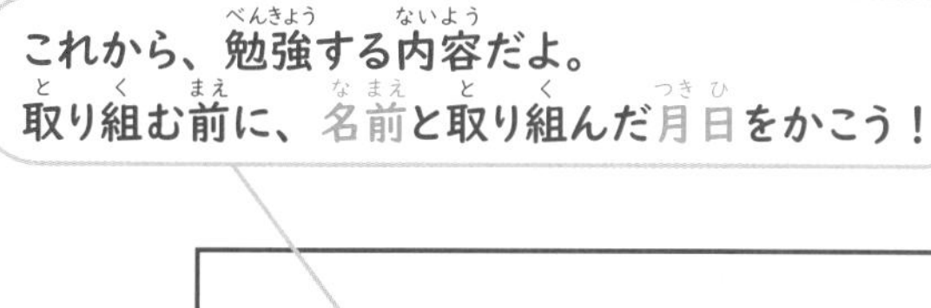

これから、勉強する内容だよ。
取り組む前に、名前と取り組んだ月日をかこう！

今日のやる気を☆にぬろう

ポイント3

「トライ」ができたら
いろんな問題にチャレンジ！
１つずつていねいにとこう！

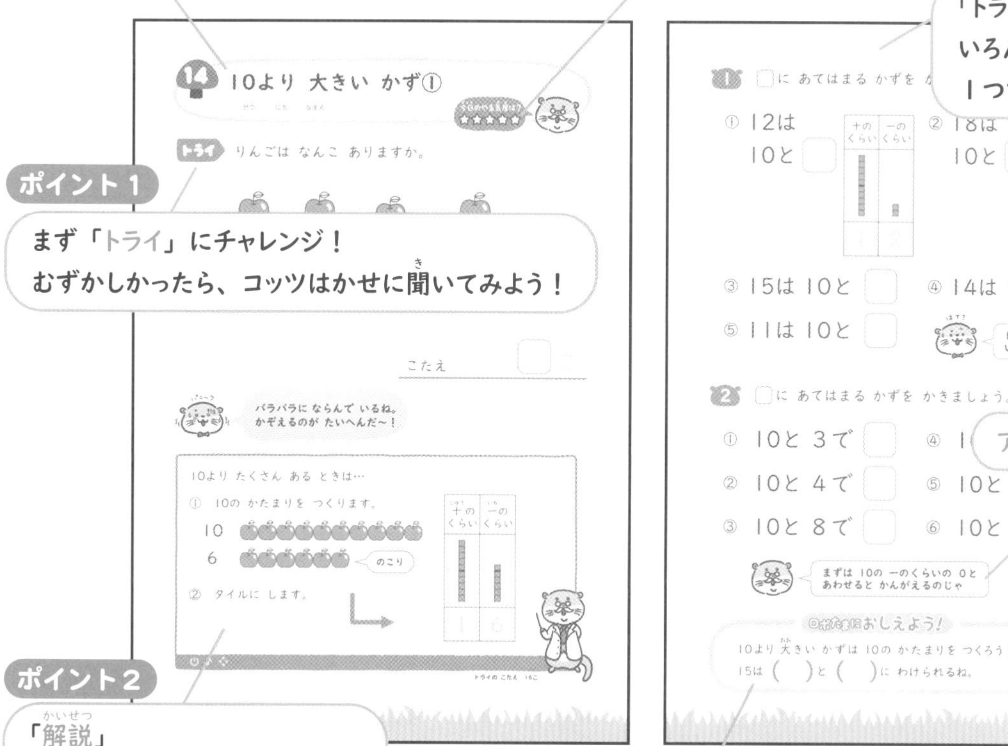

ポイント1

まず「トライ」にチャレンジ！
むずかしかったら、コッツはかせに聞いてみよう！

ポイント2

「解説」
コッツはかせが問題のとき方を
やさしく教えてくれるよ！
読んで確認してみよう！

アドバイスをしてくれるよ

勉強したことを「ロボたま」に教えてあげよう！
きみが教えてあげると「ロボたま」が進化するんだ！

これもイイね！

ちょっとひと休み♪
「ぬりえ」で
楽しくあそぼう

「答え」をはずして使えるから
答えあわせがラクラクじゃ♪

ハイ！ガンバリ マショウ

1 5まで かぞえよう①

がつ　にち　なまえ

1 えと おなじ かずだけ ◯に いろを ぬりましょう。

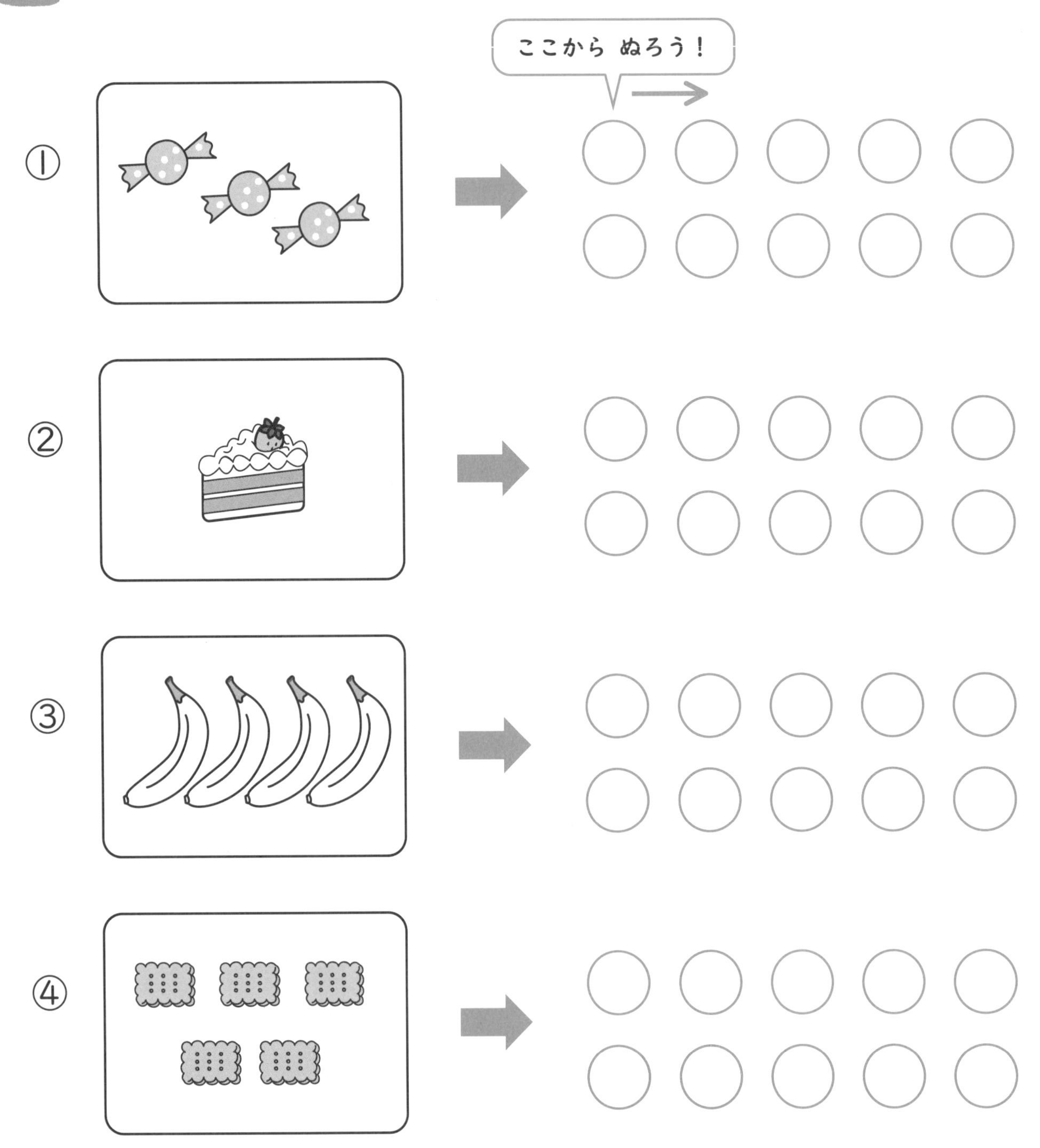

すきな いろで ぬってね

2 きりん、ぞう、さるが います。

① どうぶつと おなじ かずだけ ○に いろを ぬりましょう。

きりん	○ ○ ○ ○ ○
ぞう	○ ○ ○ ○ ○
さる	○ ○ ○ ○ ○

② いちばん おおい どうぶつは どれですか。

こたえ（　　　　　）

2 5まで かぞえよう②

がつ　　にち　　なまえ

1 おなじ かずどうしを せんで むすびましょう。

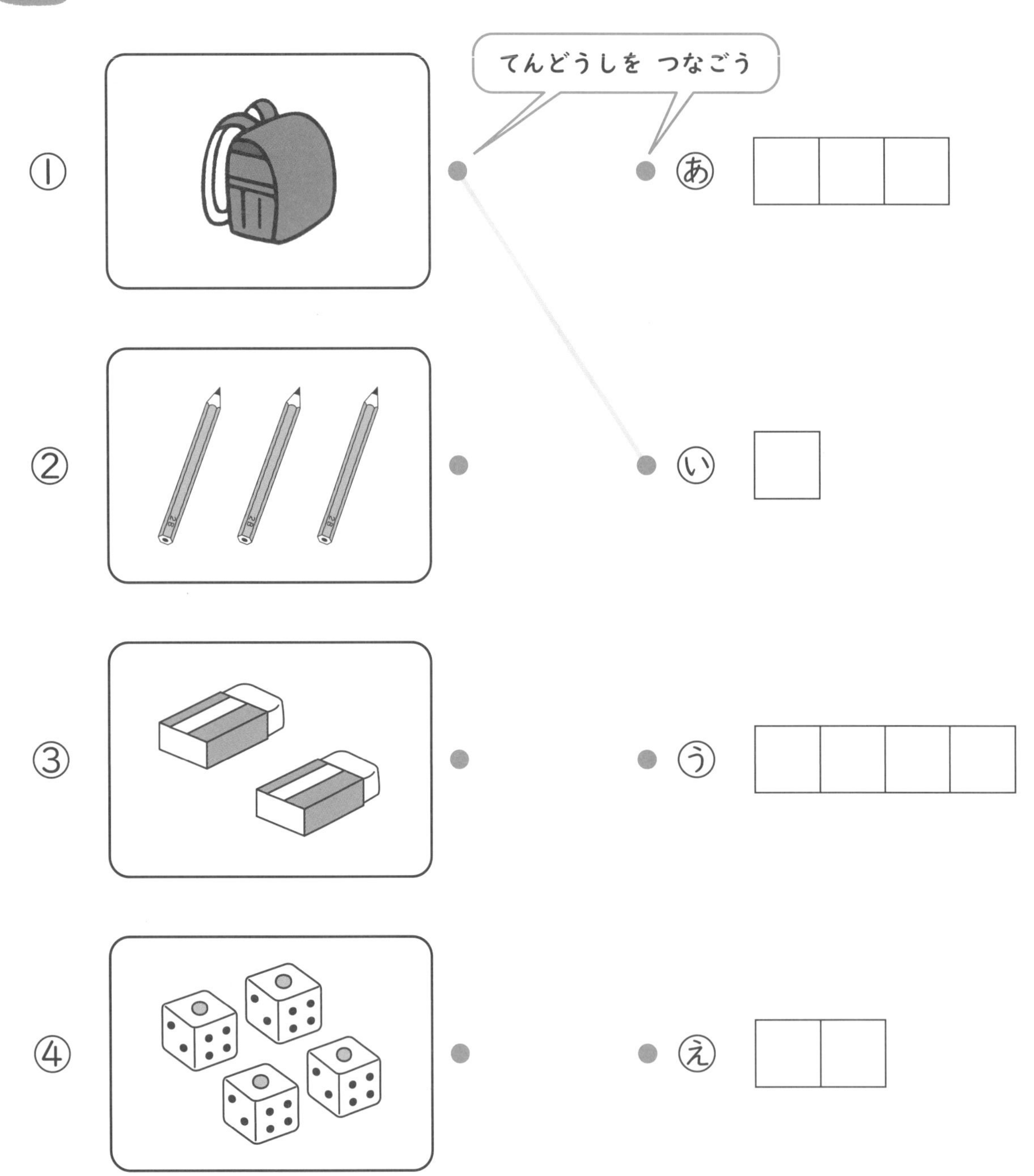

せんを ひく ときは
じょうぎを つかうと
きれいに ひけるね！

2 えを かぞえて、おおい ほうの（　）に ○を つけましょう。

①
あ  （　）

い  （○）

②
あ  （　）

い  （　）

③
あ  （　）

い  （　）

④
あ  （　）

い  （　）

3 10まで かぞえよう①

がつ　にち　なまえ

1 えと おなじ かずだけ ◯に いろを ぬりましょう。

① → ◯◯◯◯◯ ◯◯◯◯◯

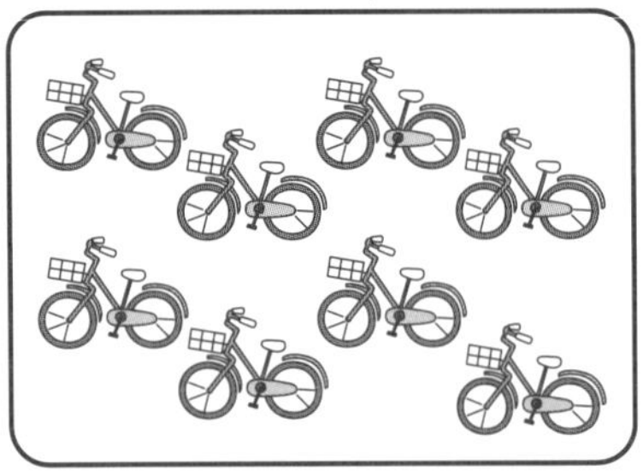

② → ◯◯◯◯◯ ◯◯◯◯◯

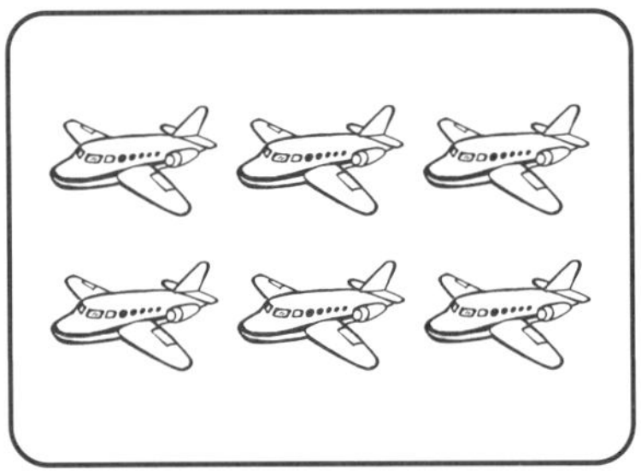

③ → ◯◯◯◯◯ ◯◯◯◯◯

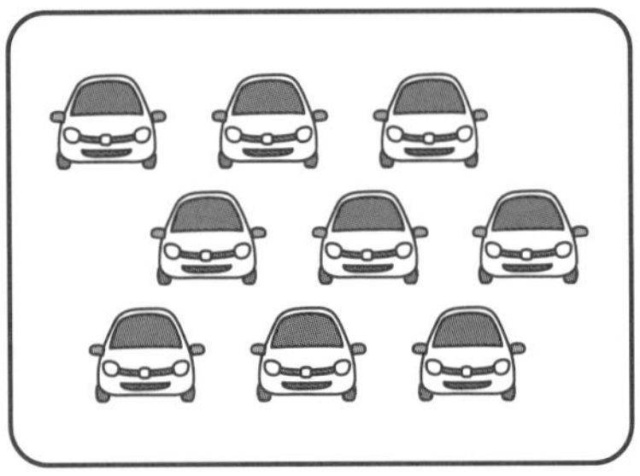

④ → ◯◯◯◯◯ ◯◯◯◯◯

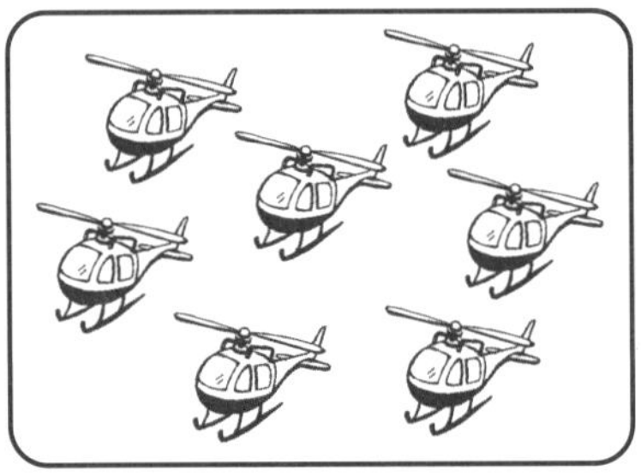

すきな いろで ぬってね

2 いぬと ねこと ねずみが います。

① どうぶつと おなじ かずだけ ○ に いろを ぬりましょう。

いぬ	○○○○○○○○○○
ねこ	○○○○○○○○○○
ねずみ	○○○○○○○○○○

② いちばん すくない どうぶつは どれですか。

こたえ（　　　　　　）

4 10まで かぞえよう②

がつ　にち　なまえ

1 おなじ かずどうしを せんで むすびましょう。

①・　　・あ

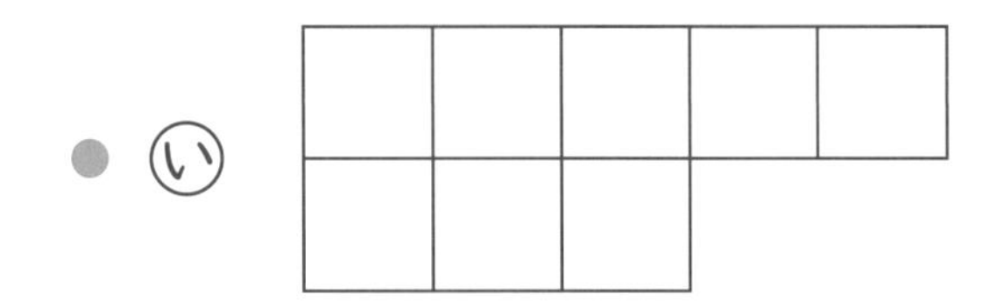

②・　　・い

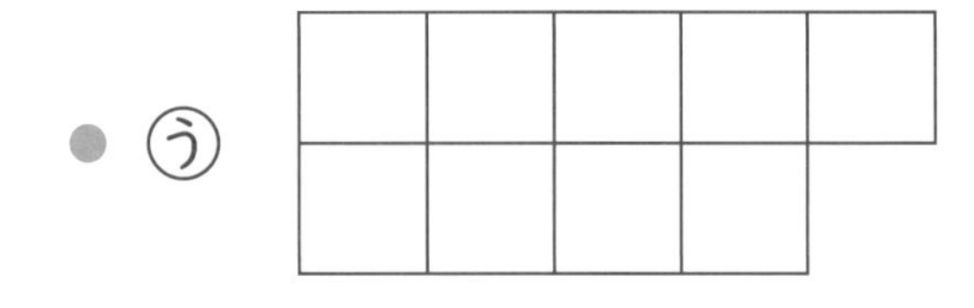

③・　　・う

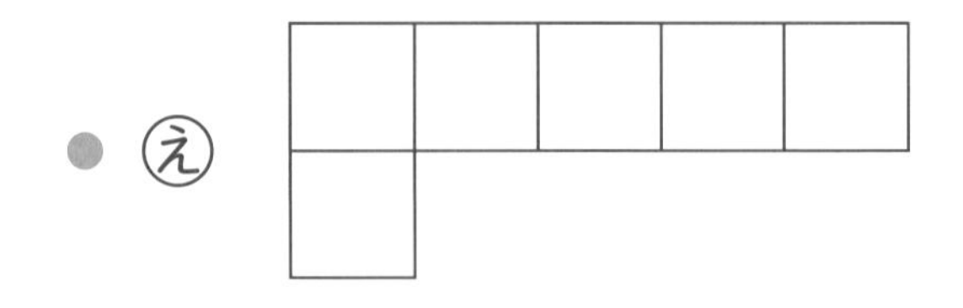

④・　　・え

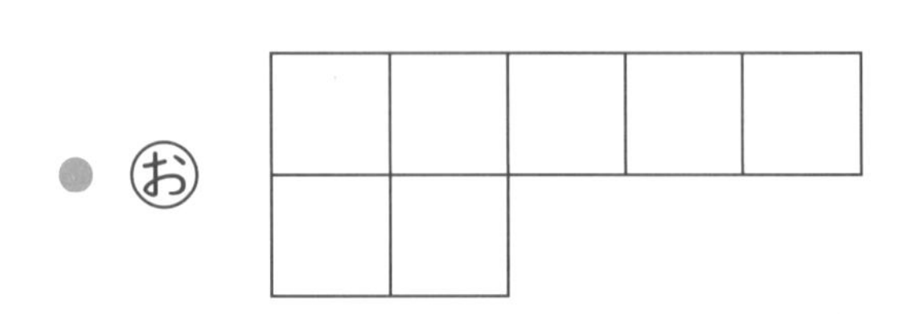

⑤・　　・お

2 おなじ かずどうしを せんで むすびましょう。

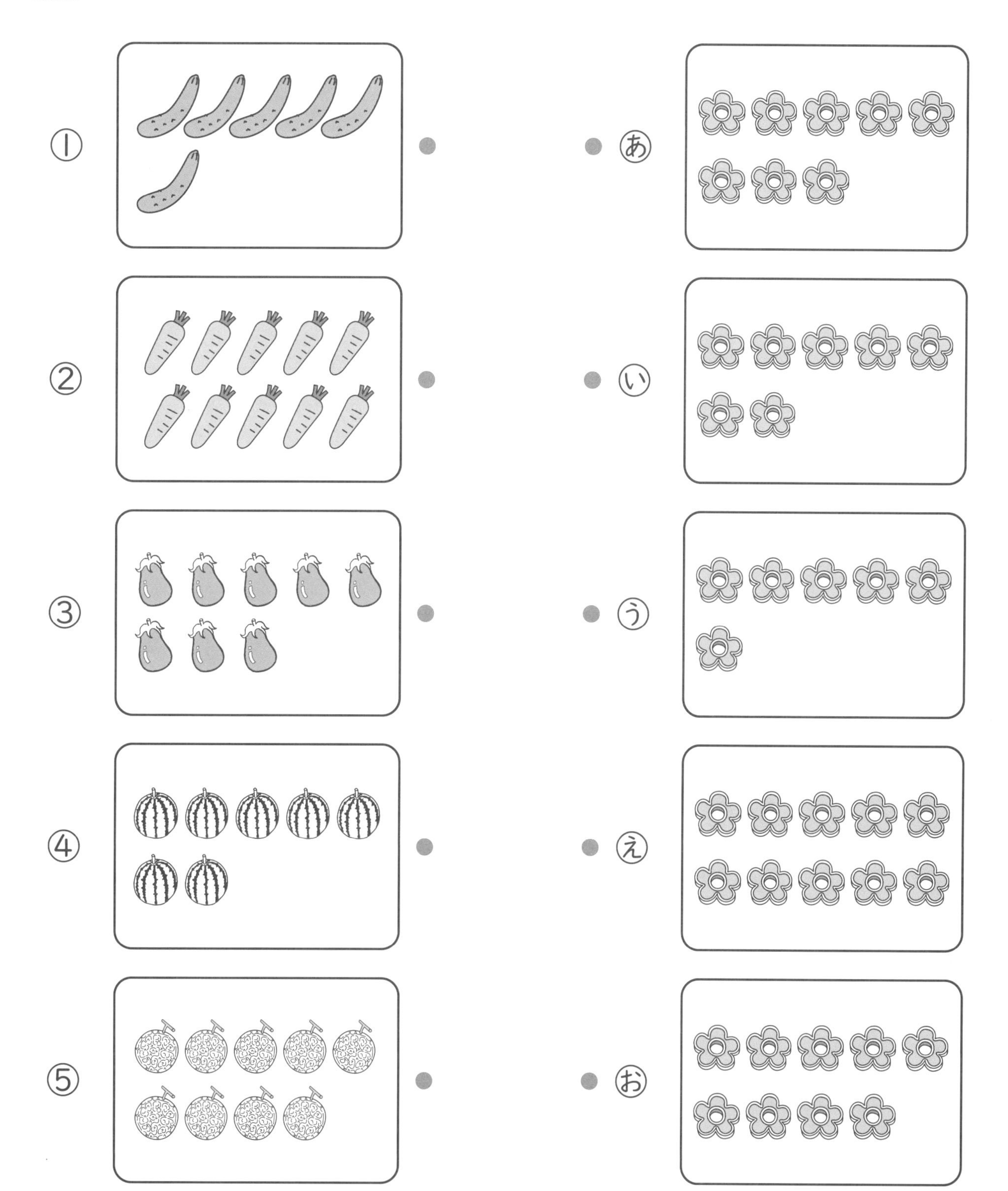

こえに だしたり、
しるしを つけたり すると
かぞえやすいよ

5 10まで かぞえよう③

がつ　にち　なまえ

1 ロボたまが カワちゃんと はぐれて しまいました。
さかなが おおい ほうの みちを たどって、ロボたまを カワちゃんの もとへ つれて いって あげましょう。

2 えを かぞえて、おおい ほうの（　）に ○を つけましょう。

①

あ 　（　　）

い 　（　　）

②

あ 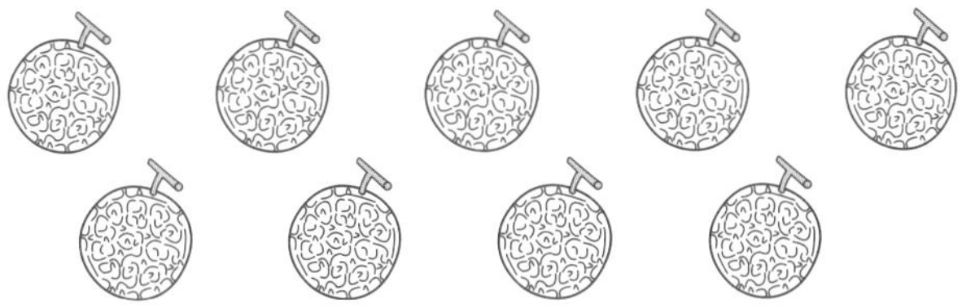　（　　）

い 　（　　）

③

あ 　（　　）

い 　（　　）

④

あ 　（　　）

い　JUICE JUICE JUICE JUICE JUICE JUICE JUICE　（　　）

6 20まで かぞえよう①

がつ　にち　なまえ

1 つぎの もんだいに こたえましょう。

① サッカーボールを かぞえて、□に かずを かきましょう。

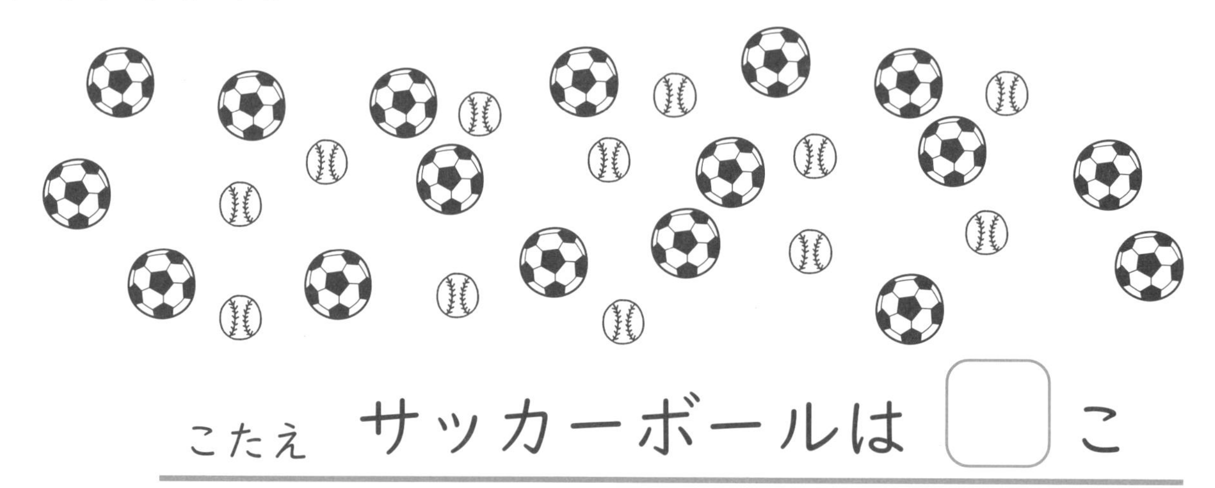

こたえ サッカーボールは □ こ

② ①の サッカーボールの かずより おおい ものの □に ○を つけましょう。

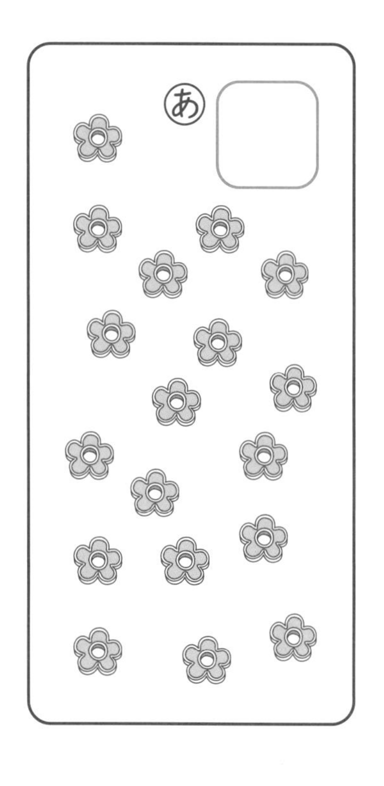

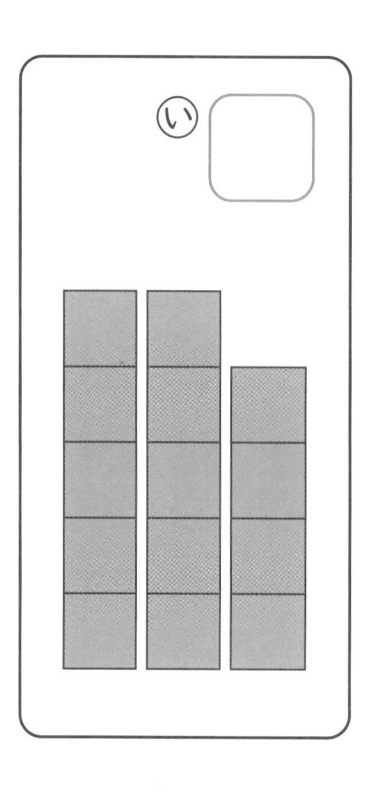

2 ２つの かずを くらべて おおい ほうの □ に ○を つけましょう。

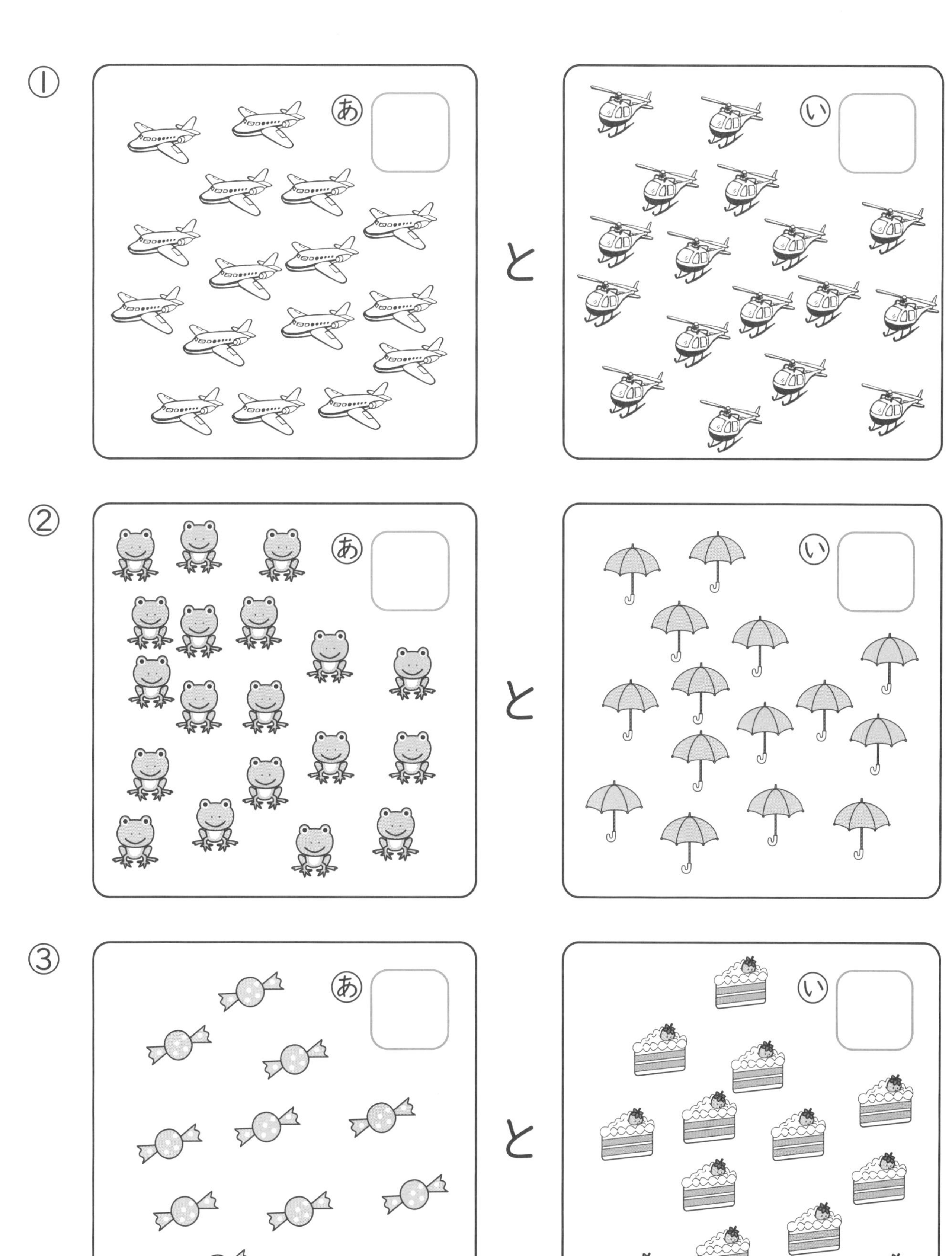

7 20まで かぞえよう②

がつ　にち　なまえ

1 こえに だして かぞえながら、①～⑳まで じゅんばんに せんを ひいて、えを かんせいさせましょう。

2 ２つの かずを くらべて、おおきい かずの ○に いろを ぬりましょう。

① 17 と 20

② 9 と 11

③ 14 と 5

④ 18 と 10

⑤ 11 と 17

⑥ 8 と 13

⑦ 16 と 19

⑧ 12 と 7

⑨ 15 と 6

⑩ 20 と 19

8 なんばんめ？

がつ　にち　なまえ

1 どうぶつたちが でんしゃごっこを して います。

どうぶつたちは、それぞれ まえから なんばんめに いますか。◯に いろを ぬりましょう。

たぬき	まえ ◯ ◯ ◯ ◯ ◯ うしろ
く　ま	まえ ◯ ◯ ◯ ◯ ◯ うしろ
り　す	まえ ◯ ◯ ◯ ◯ ◯ うしろ
きつね	まえ ◯ ◯ ◯ ◯ ◯ うしろ
うさぎ	まえ ◯ ◯ ◯ ◯ ◯ うしろ

2 つぎの もんだいに あう どうぶつに ○を つけましょう。

① まえから 2ばんめ

② うしろから 3ばんめ

③ まえから 4ばんめ

     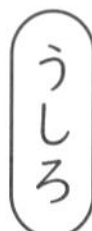

④ うしろから 2ばんめ

⑤ まえから 1ばんめ

9 とけい

がつ　にち　なまえ

1 とけいは、みじかい はり と ながい はり が さして いる ところで じこくが わかります。

つぎの とけいを みて、こえに だしながら □ の じこくを なぞりましょう。

①

1じ

②

2 つぎの とけいを みて、こえに だしながら ［　　］の じこくを なぞりましょう。

①

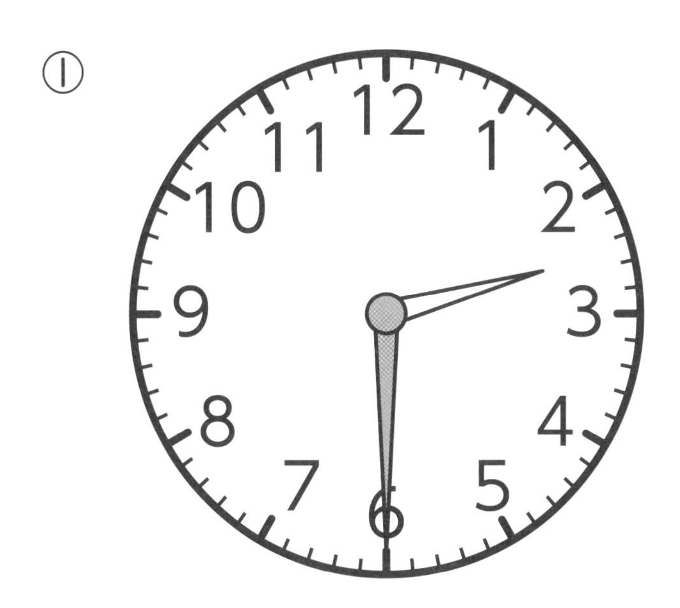

みじかい はりが
2と 3の あいだ
ながい はりが 6

2じはん

②

10じはん

みじかい はりが すうじと すうじの あいだで、
ながい はりが 6に くる ときを「はん」と いうんじゃよ

10 ながさ

がつ　にち　なまえ

ながい ほうの □に ○を つけましょう。

①

あ □

い □

②

あ □

い □

③

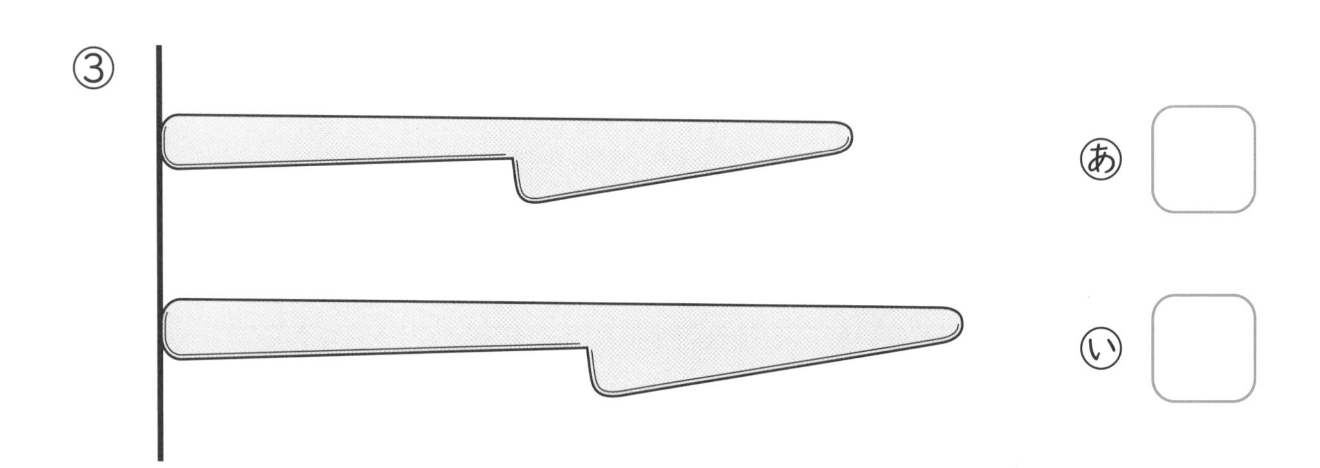

あ □

い □

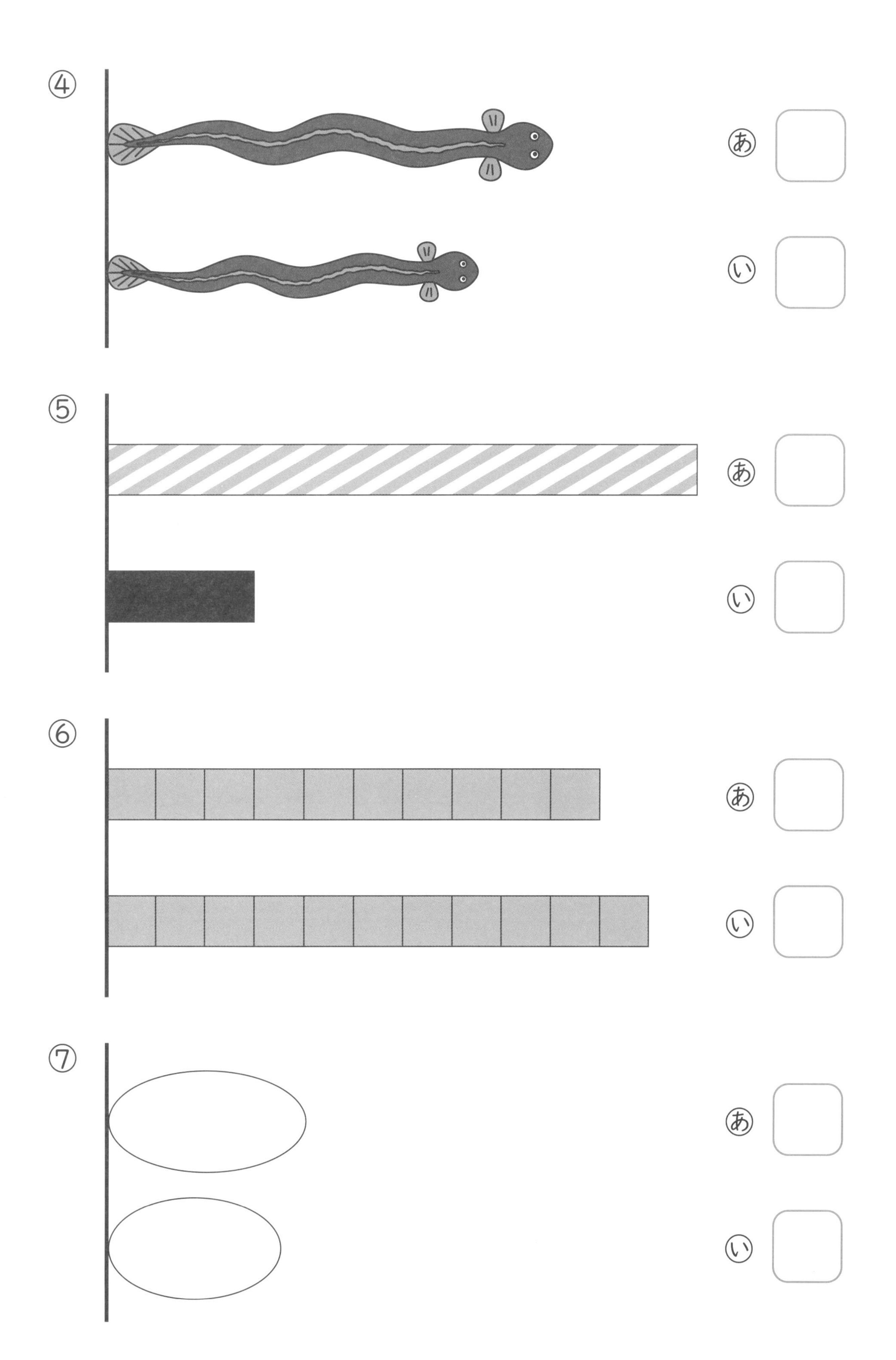
④
あ
い
⑤
あ
い
⑥
あ
い
⑦
あ
い

11 ひろさ

がつ　にち　なまえ

かたちが ひろい ほうの（　）に ○を つけましょう。

①

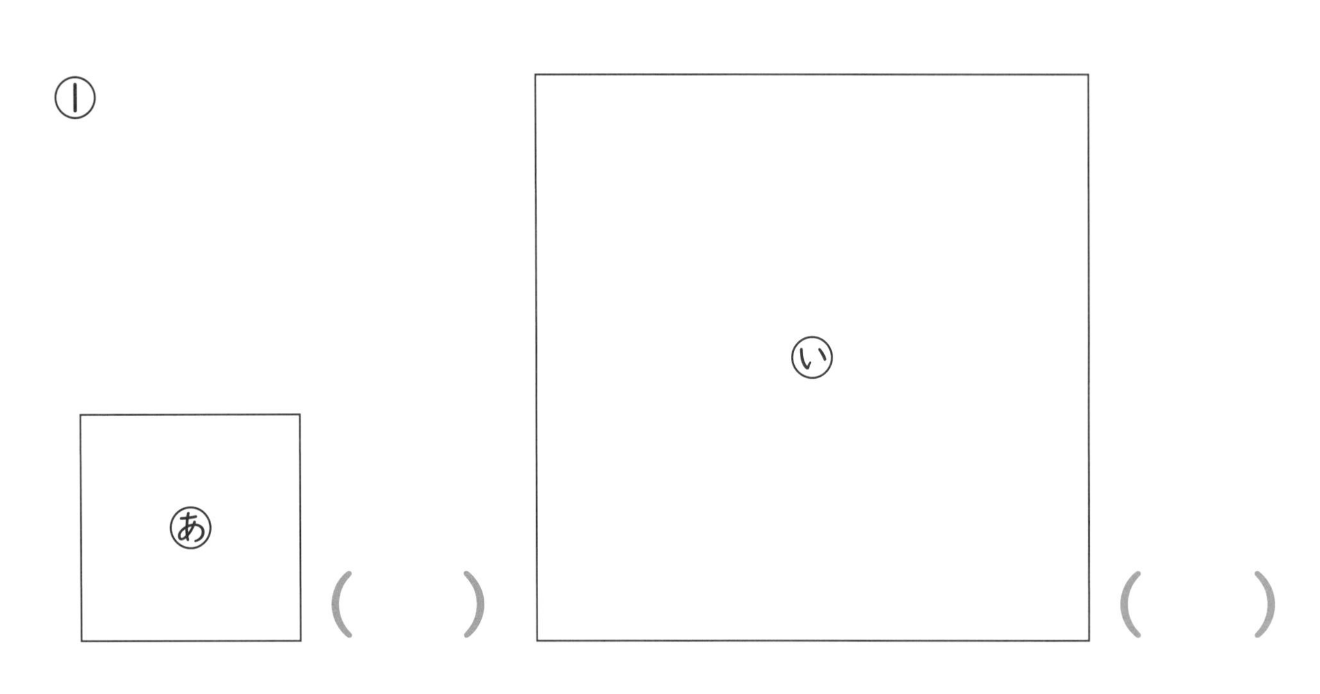

②

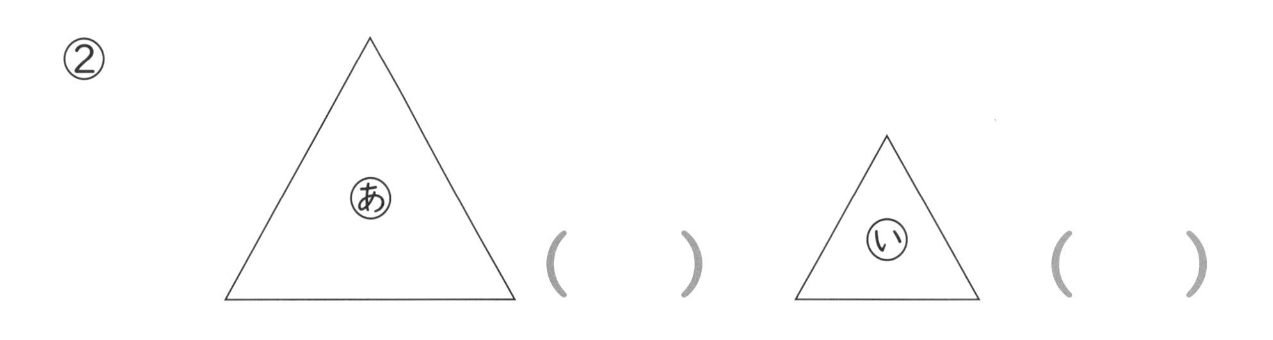

③

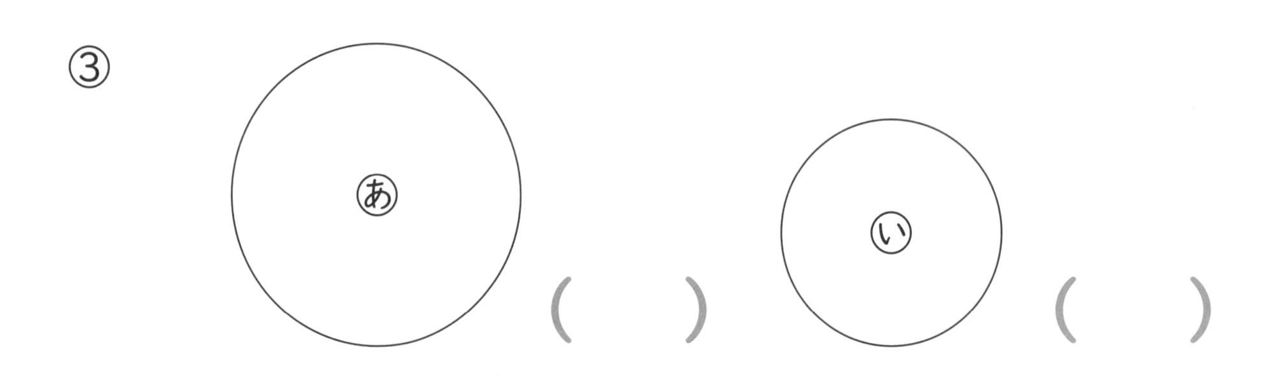

④

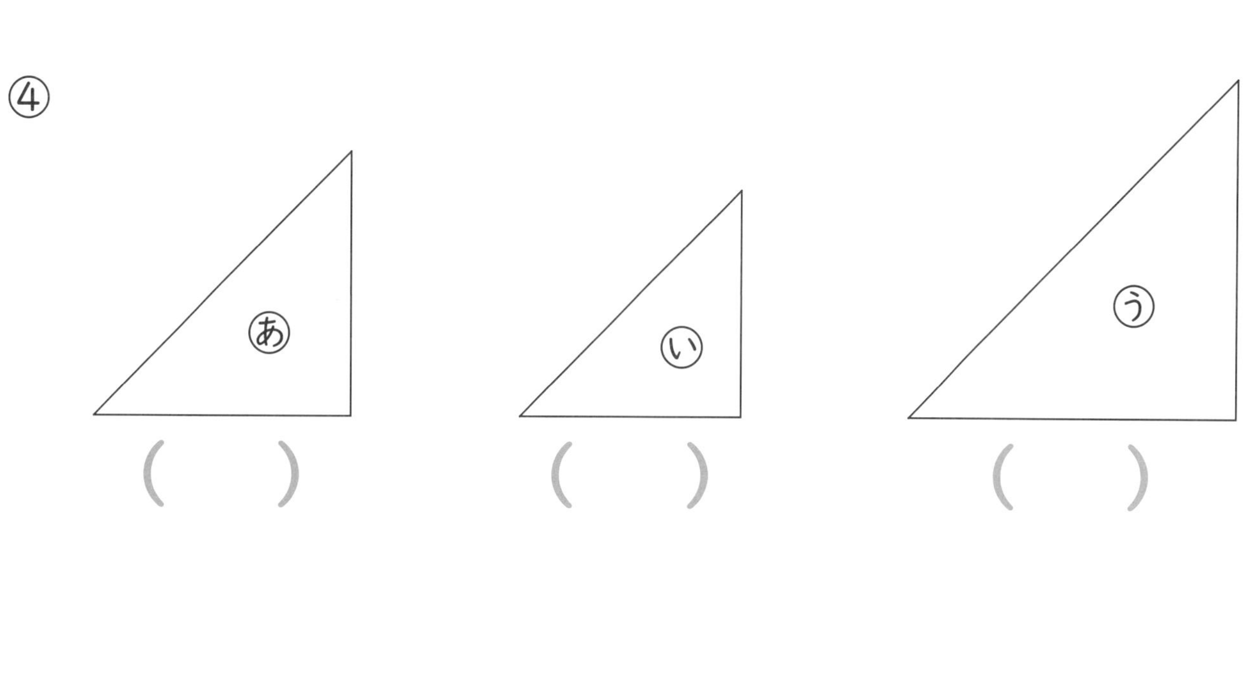

⑤

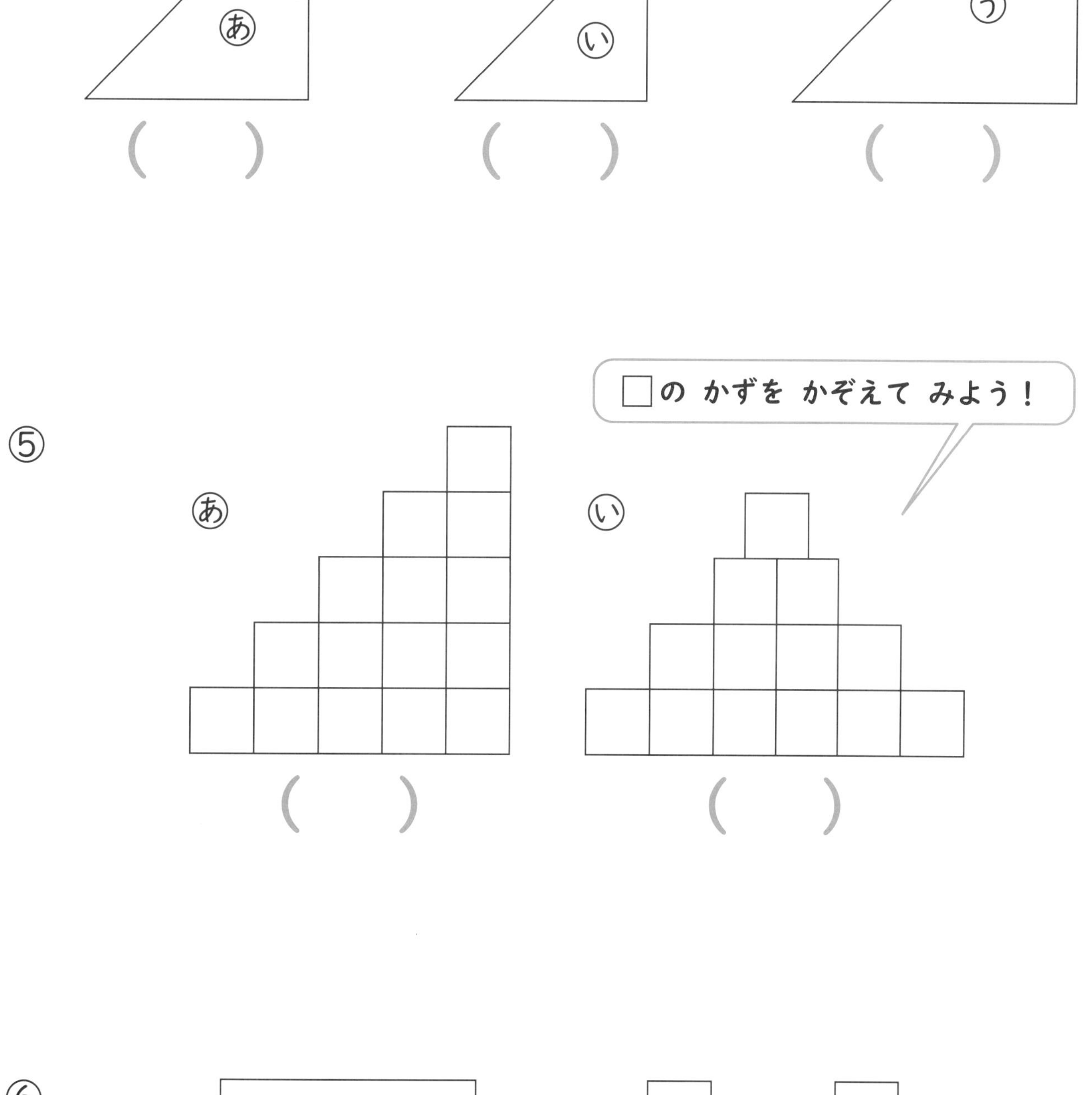

⑥

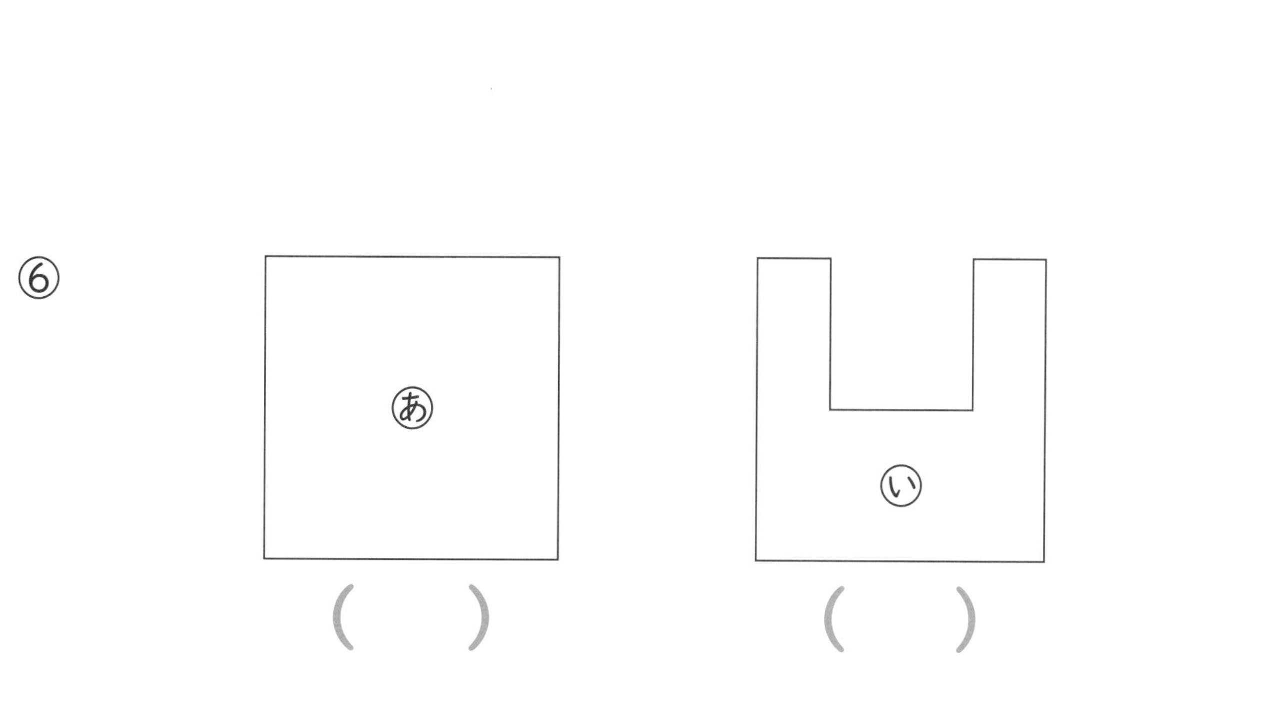

12 かさ

がつ　にち　なまえ

1 おなじ おおきさの コップに ジュースが はいって います。ジュースが おおい ほうの（　）に ○を つけましょう。

2 おおきい コップから ちいさい コップに ジュースを うつしかえました。
ジュースが おおい ほうの（　）に ○を つけましょう。

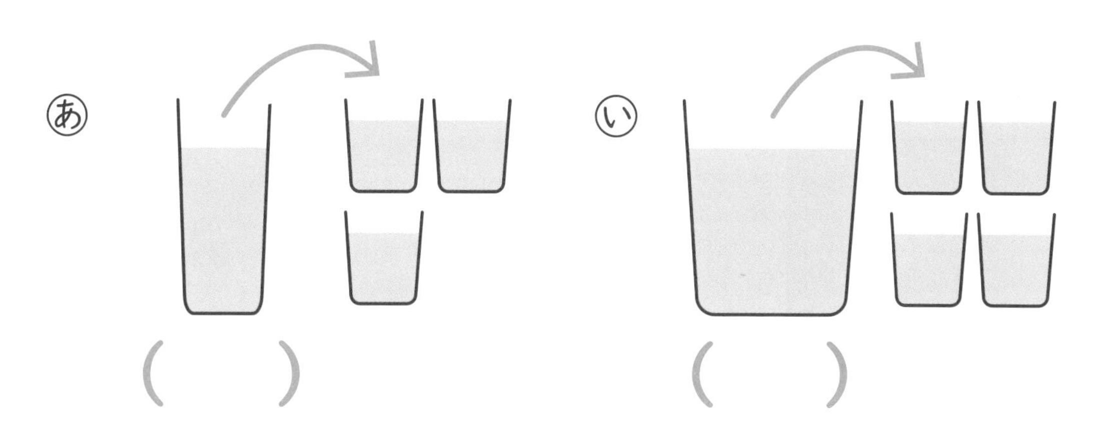

3 おなじ かさどうしの ものを せんで むすびましょう。

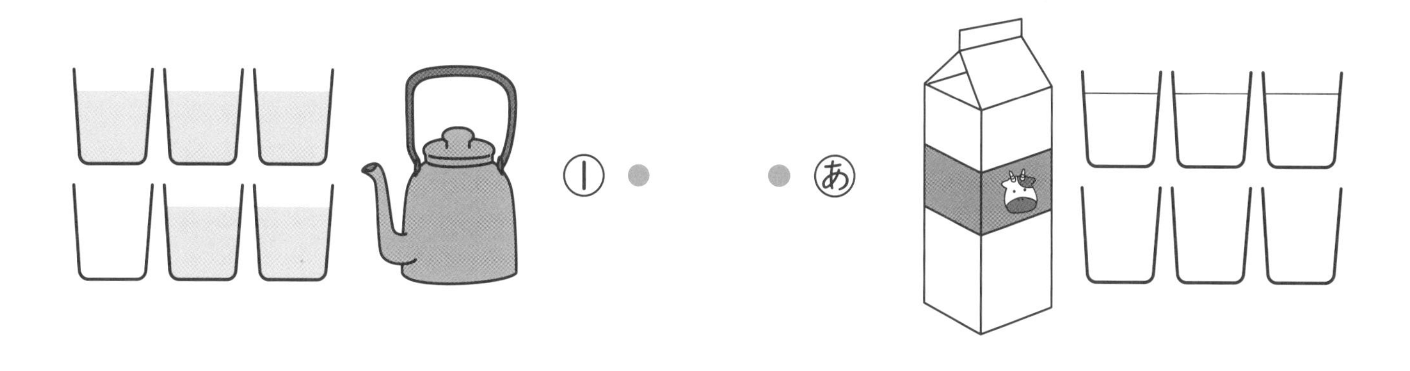

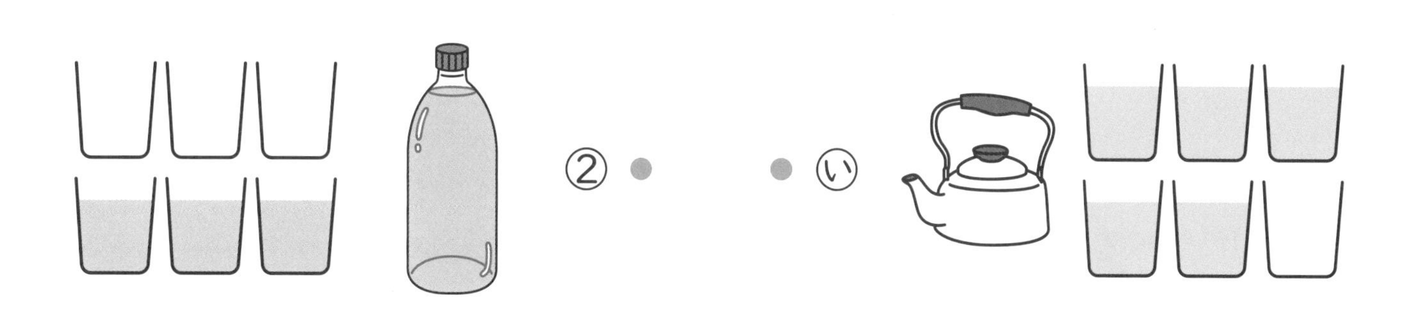

13 かたち

がつ　にち　なまえ

1 かたちが おなじ ものどうしを せんで むすびましょう。

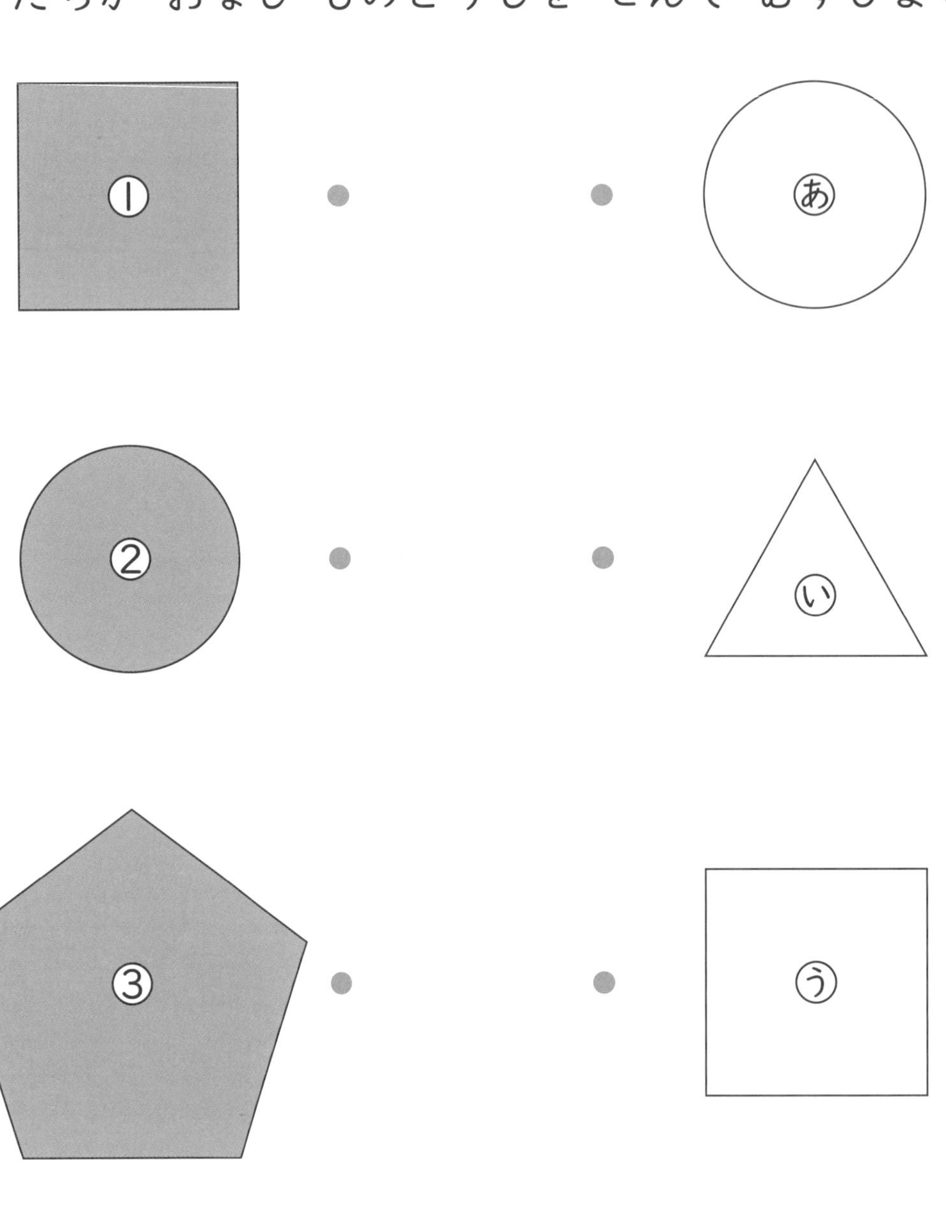

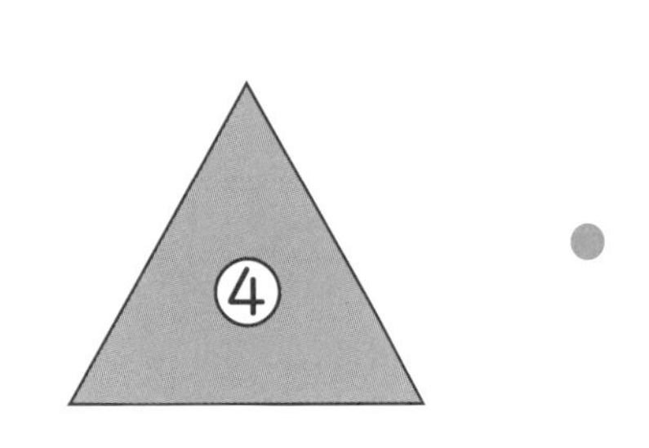

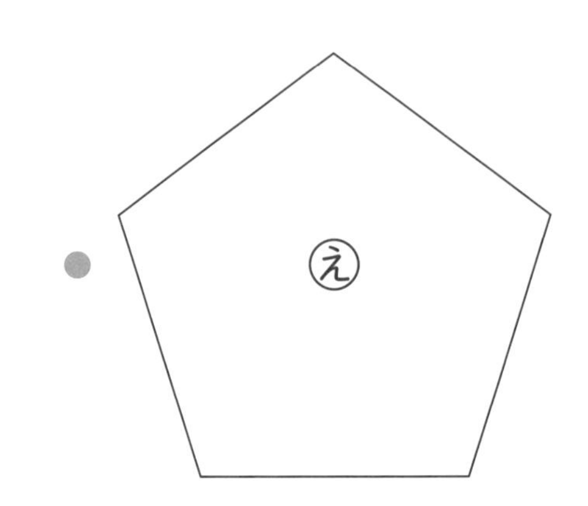

2 ボール、サイコロ、おにぎりが あります。
いっしょに さかから ころがった とき、いちばん はやく したまで ころがりおちる ものに ○を つけましょう。

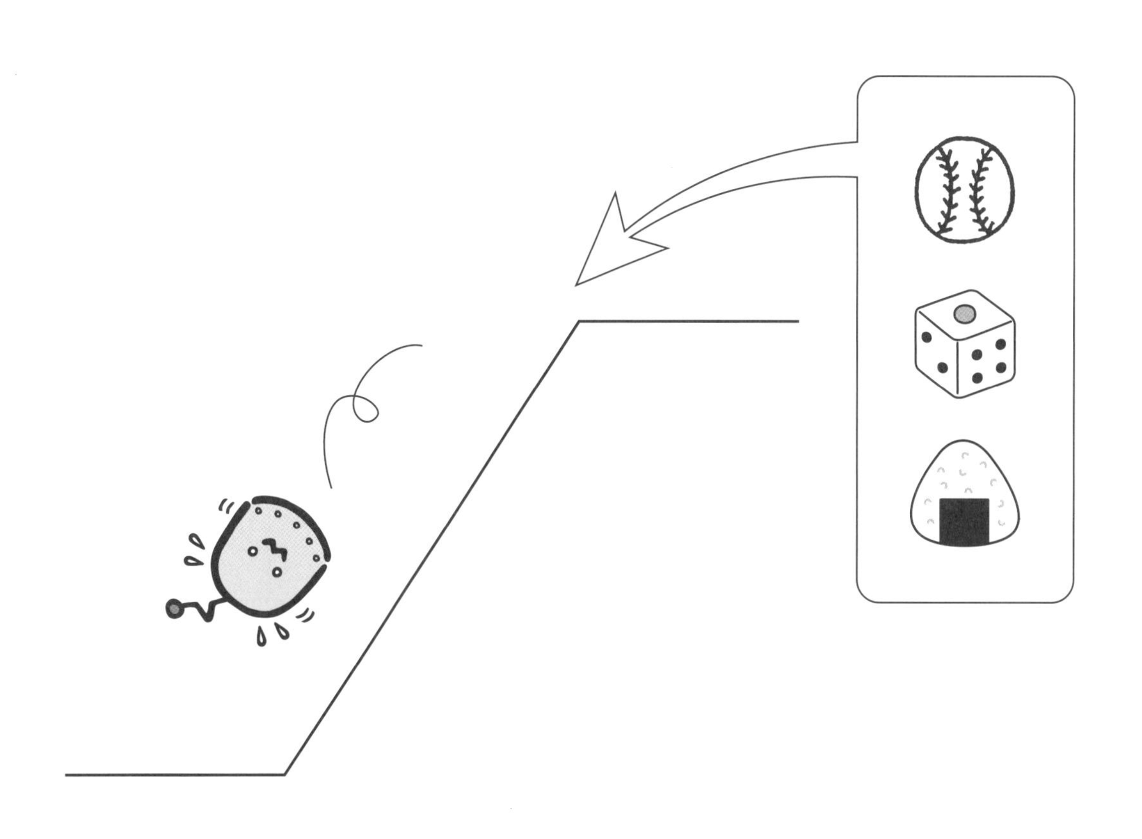

はかせ！　ヒントを ちょうだい

ものは かどが すくないほど
よく ころがるんじゃよ

じゃあ、かどが いちばん
すくない ものを さがせば
いいんだね！

14 みぎと ひだりと うえと した

がつ　にち　なまえ

1 ひだりの もようを みぎの マスめに かきうつしましょう。

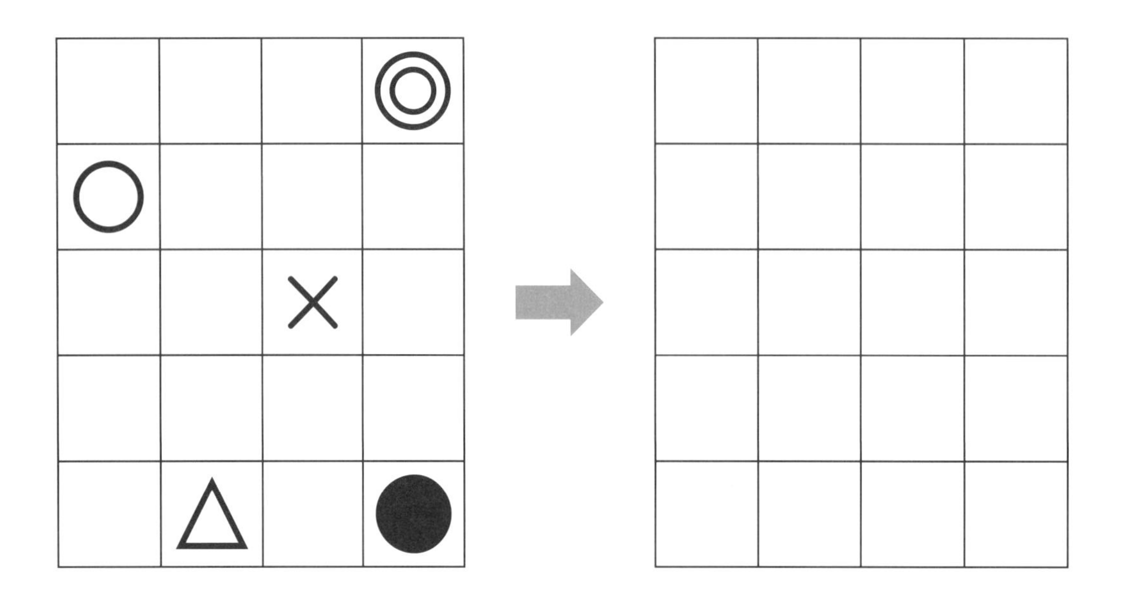

2 ロボたまに いろを ぬります。

① みぎから 2ばんめの ロボたまを あかく ぬりましょう。

② ひだりから 3ばんめの ロボたまを あおく ぬりましょう。

③ ひだりから 1ばんめの ロボたまを きいろく ぬりましょう。

3 コッツはかせが いう ものを たなから とって あげましょう。

よーし！ がんばるぞ！

① えを ○で かこみましょう。

うえから 3つめで、みぎから 3つめの ものを とってくれ。

② えを □で かこみましょう。

したから 2つめで、ひだりから 1つめの ものは あるかな？

③ えを △で かこみましょう。

てつだって くれて ありがとう。
おれいに、ひだりから 6つめで うえから 1つめの ものを あげよう。

ぬりえ

がつ　にち　なまえ

すきな いろで ぬりましょう。

1年生

1から 10の れんしゅう

がつ　にち　なまえ

1から 10を ていねいに かきましょう。

ここから はじまるよ！

1	1	1	1
2	2	2	2
3	3	3	3
4	4	4	4
5	5	5	5
6	6	6	6
7	7	7	7
8	8	8	8
9	9	9	9
10	10	10	10

ロボたまにおしえよう！

5は（ ち ）を 先に かくよ。

2 大きいのは どっち？

がつ　にち　なまえ

1 ２つの えの かずを くらべます。
かずが 大(おお)きい ほうの（　）に ○を つけましょう。

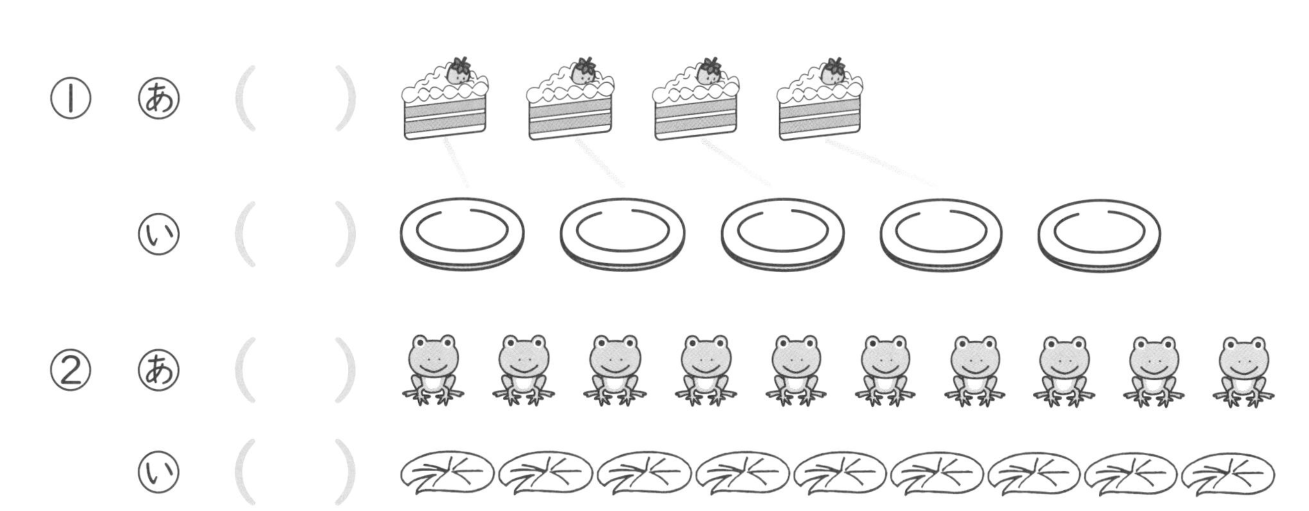

① あ（　）
い（　）

② あ（　）
い（　）

2 ２つの カードの えの かずを くらべます。
かずが 大きい ほうの（　）に ○を つけましょう。

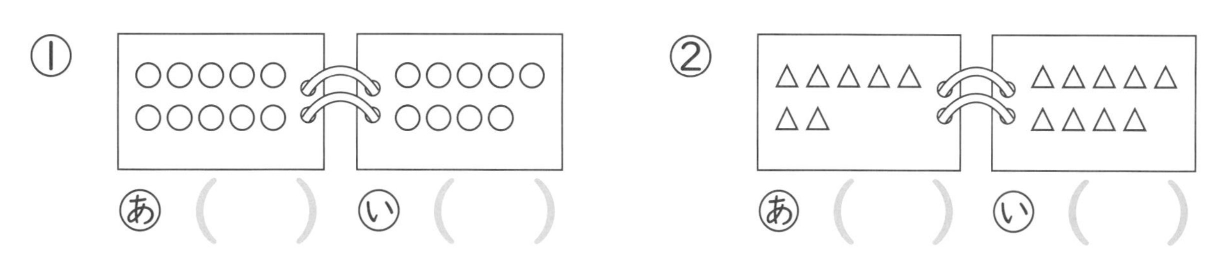

① あ（　）　い（　）
② あ（　）　い（　）

3 ２つの かずを くらべます。
かずが 大きい ほうの（　）に ○を つけましょう。

① 4（　）　1（　）
② 3（　）　5（　）
③ 8（　）　9（　）
④ 10（　）　7（　）

ひとつ ふえると

がつ　にち　なまえ

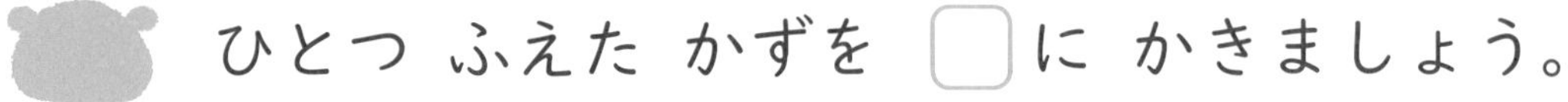

ひとつ ふえた かずを □ に かきましょう。

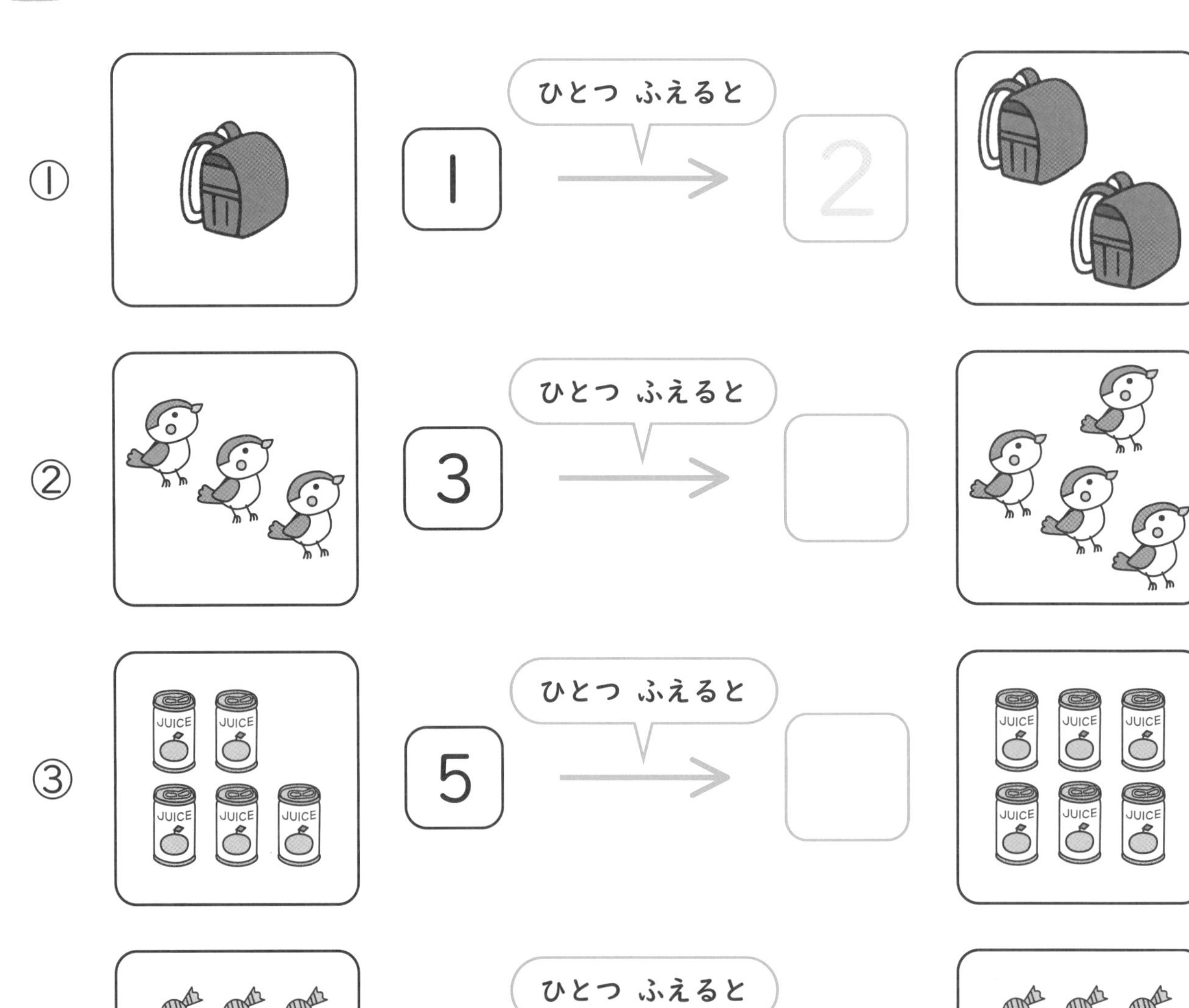

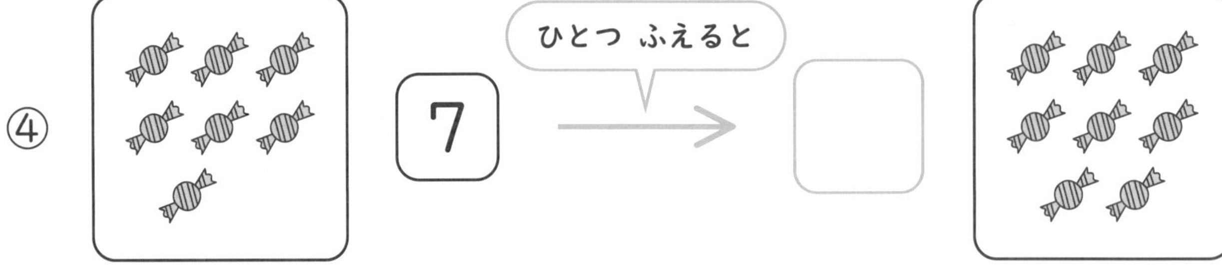

ひとつ へると

がつ　にち　なまえ

ひとつ へった かずを □ に かきましょう。

①

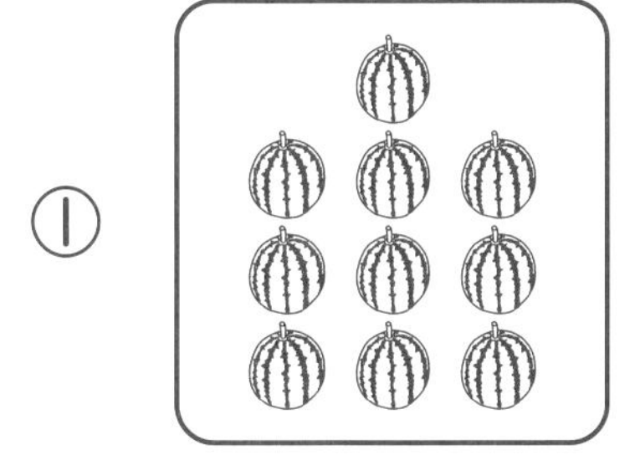

10

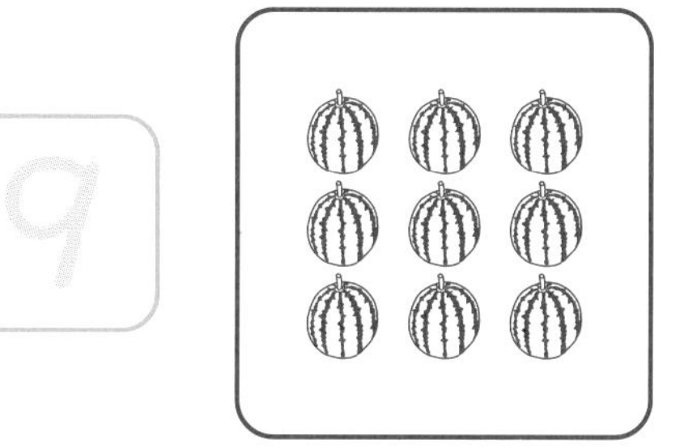

②

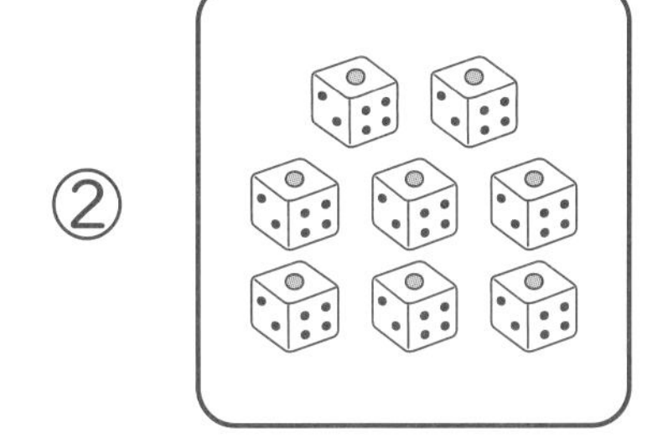

8

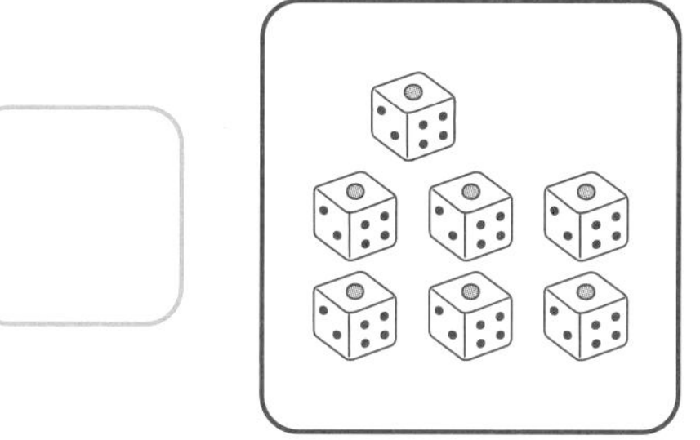

③

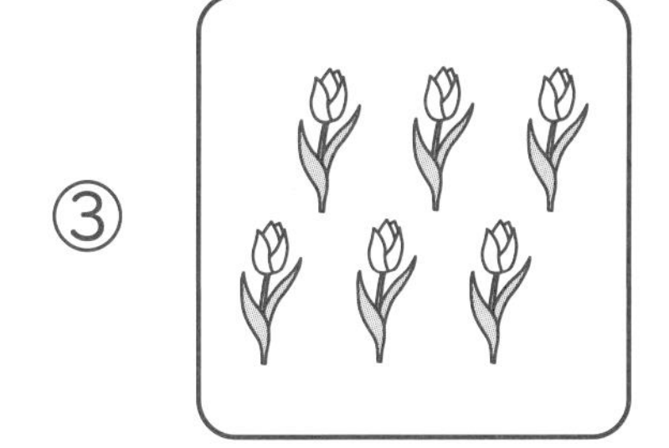

6

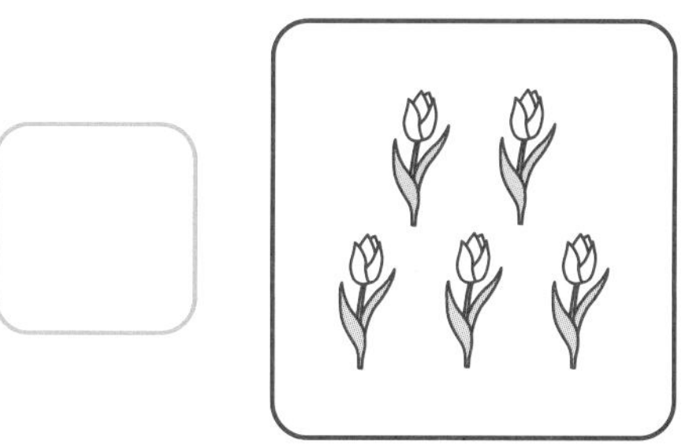

④

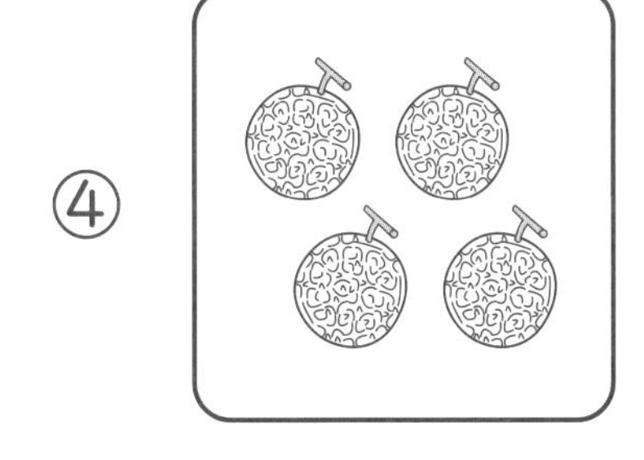

4

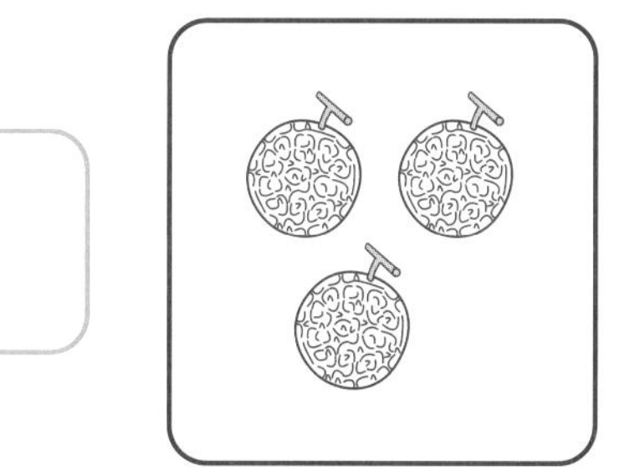

⑤

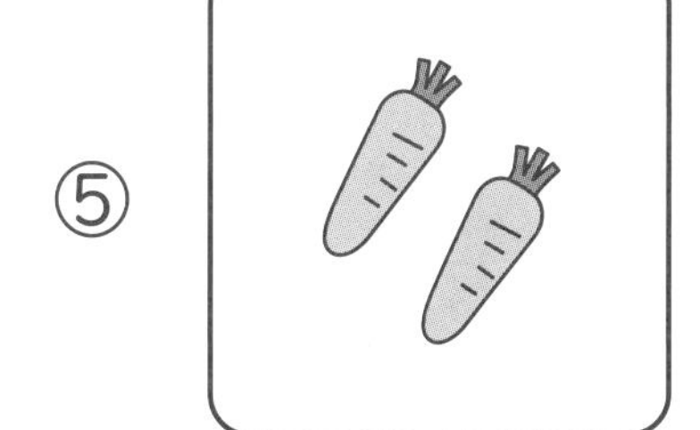

2

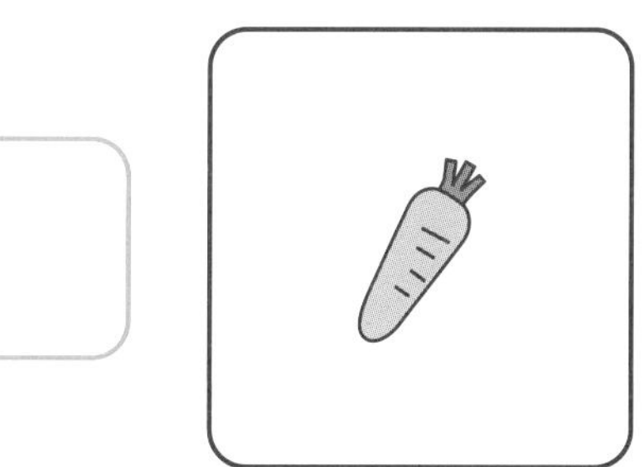

5 あわせると いくつ？

がつ にち なまえ

あわせると いくつに なりますか。

① ○ ○○○○○

1	5
6	

② ○○ ○○○○

2	4

③ ○○○ ○○

3	2

④ ○○○○

4	0
4	

⑤ ○○○○○ ○○○

5	3

⑥ ○○○○○○ ○

6	1

⑦ ○○○○○○○ ○

7	1

⑧ ○○○○○○○○ ○

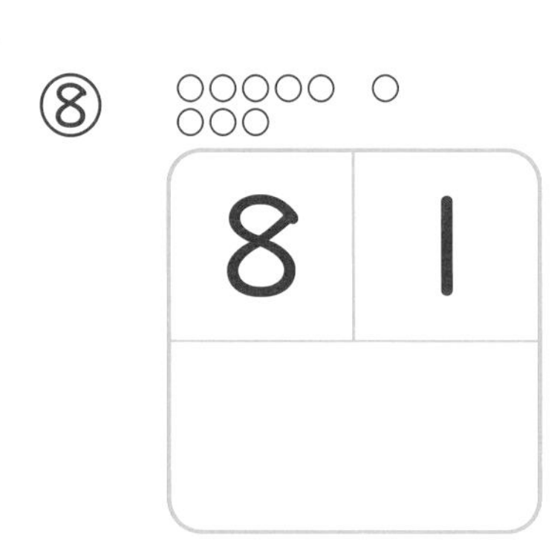

8	1

⑨ ○○○○○○○○○

9	0

○に いろを ぬったり、
かずを かぞえると まちがえないぞ

ロボたまに おしえよう！

2と 2を あわせると （ ）に なるよ。

わけると いくつ？

がつ　にち　なまえ

いくつと いくつに わけられますか。

① ●が ２つ

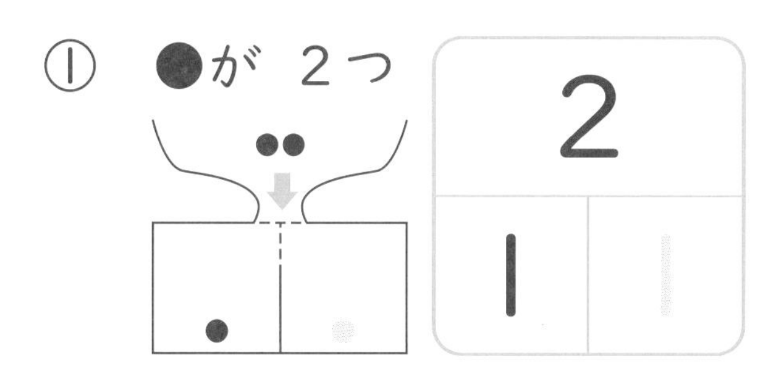

② ●が ３つ

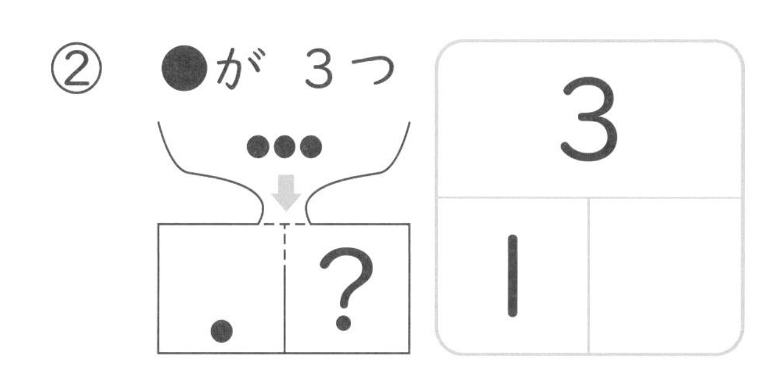

③ ●が ４つ

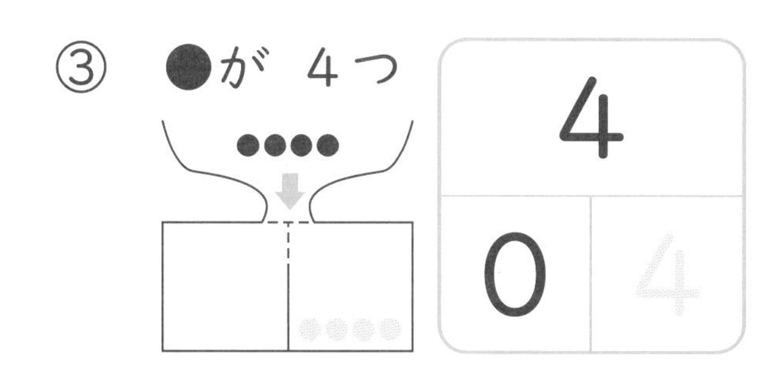

④ ●が ５つ

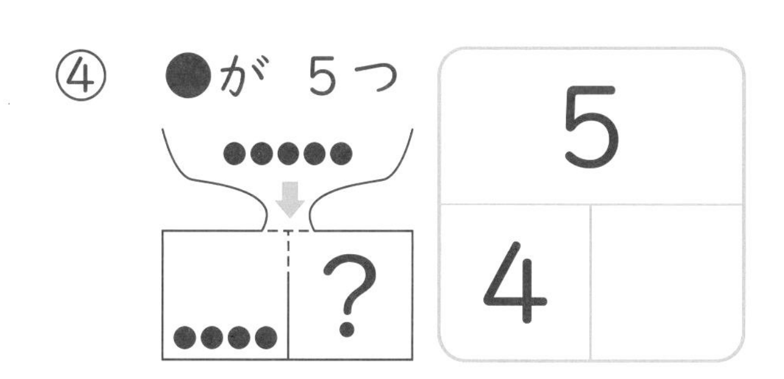

⑤ ●が ６つ

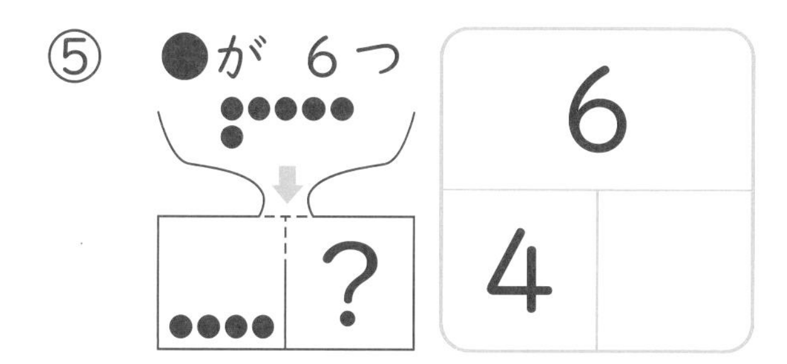

⑥ ●が ７つ

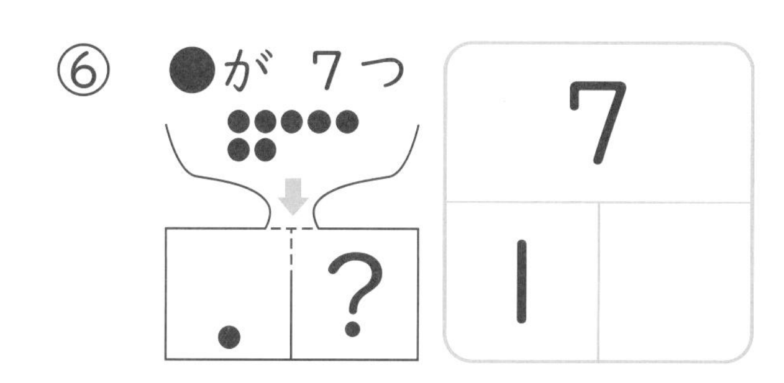

⑦ ●が ８つ

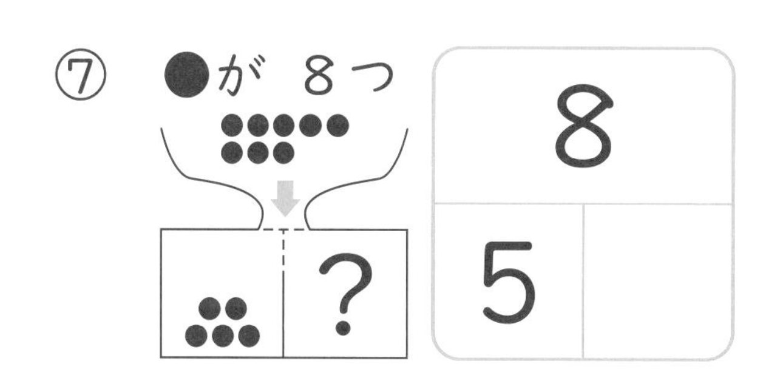

⑧ ●が ９つ

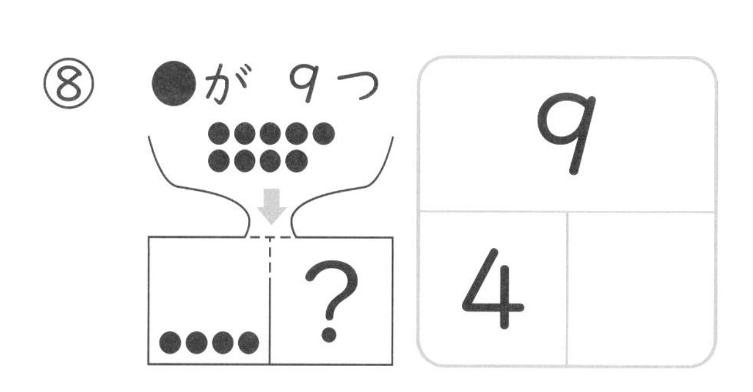

7 10を わけよう

がつ　にち　なまえ

1 10は いくつと いくつに なりますか。

① 4と □

② 9と □

2 10は いくつと いくつに なりますか。

① ○○○○○○○○○○

10	
6	

② ○○○○○○○○○○

10	
8	

③

10	
5	

④
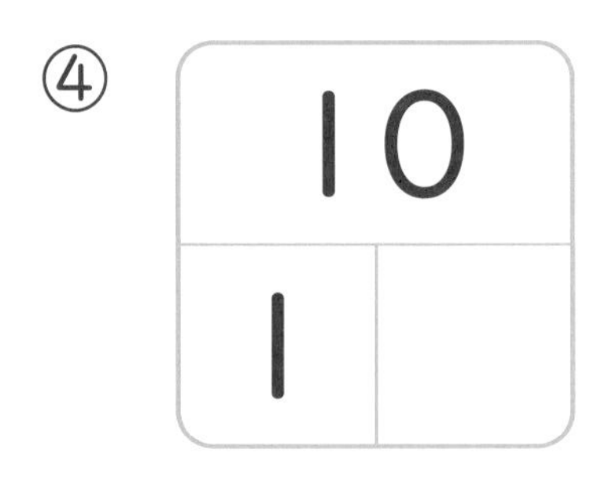

⑤
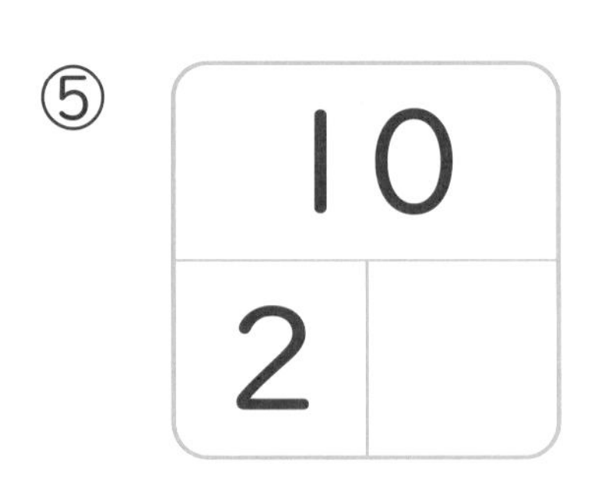

わからなく なったら、
○を 10こ かいて、
かぞえて みると いいね！

3 10に なるように □ に かずを かきましょう。

① 9 と □(1) で 10

② 7 と □ で 10

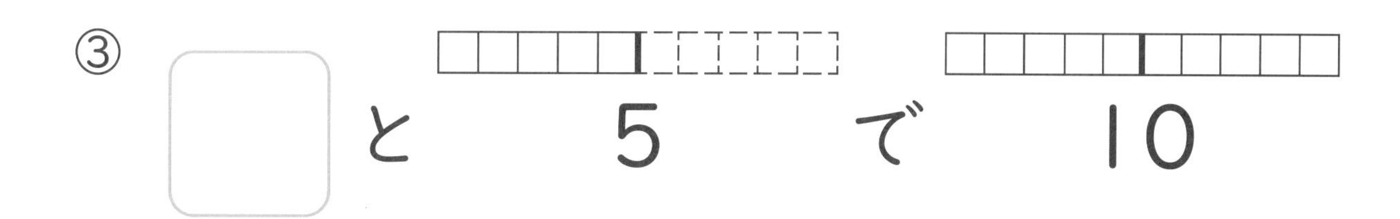

③ □ と 5 で 10

4 10に なるように □ に かずを かきましょう。

① 6 と □ で 10

② 4 と □ で 10

③ □ と 8 で 10

④ □ と 2 で 10

ロボたまにおしえよう！

10は（　　）と 8に **わけられる**よ。

3と（　　）を **あわせる**と 10に なるよ。

8 たしざん　あわせて いくつ？

がつ　にち　なまえ

トライ　つぎの いちごは あわせると なんこ ありますか。

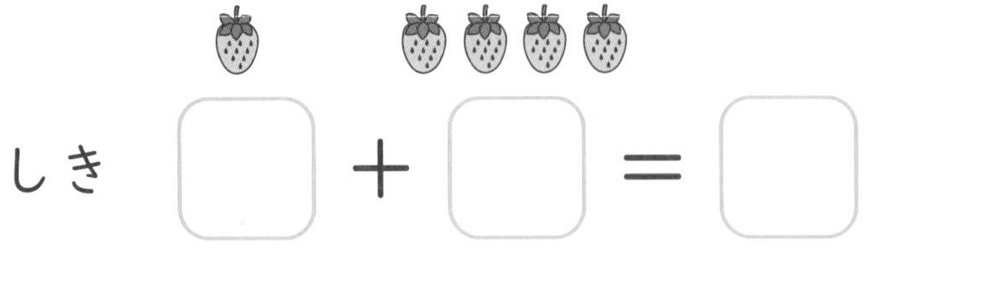

しき □ ＋ □ ＝ □

こたえ □ こ

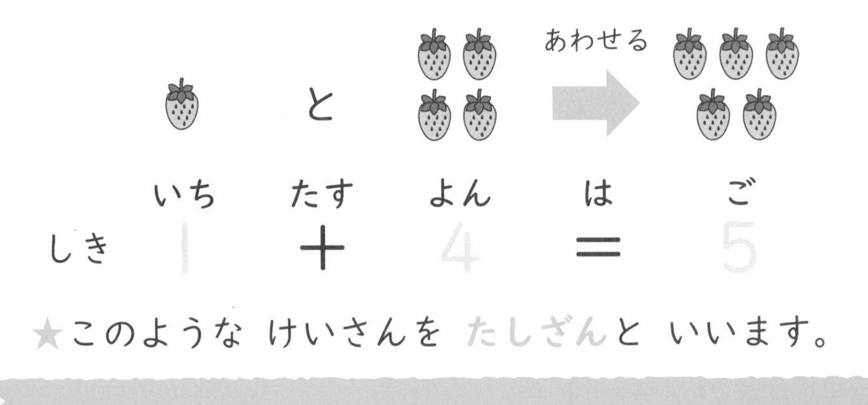

★このような けいさんを たしざんと いいます。

トライの こたえ：5 こ

おとなが 3人 います。こどもは 6人 います。
あわせて なん人 いますか。

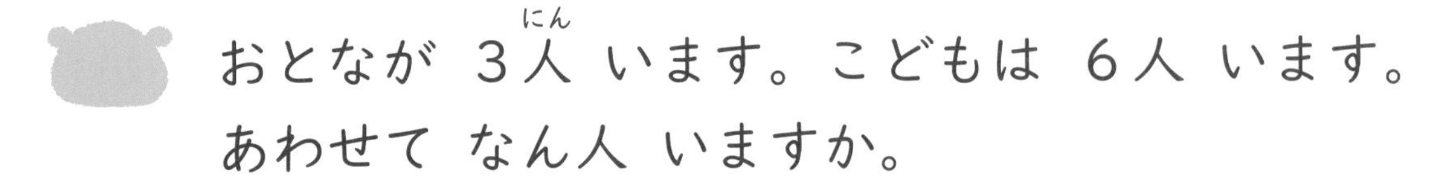

しき □ ＋ □ ＝ □

こたえ

ロボたまに おしえよう！

赤い 花が 7本 あるよ。白い 花が 2本 あるよ。
（あわせる）と、（　　）本だね。

たしざん　ふえると いくつ？

がつ　にち　なまえ

1　ペン立てに えんぴつが ３本 ありました。
２本 入れました。ぜんぶで なん本に なりましたか。

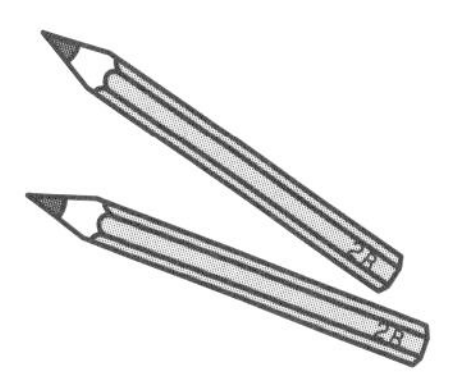

しき　□ ＋ □ ＝ □

こたえ　　　　本

2　水そうに きんぎょが ７ひき います。あとから ２ひき 入れると、きんぎょは ぜんぶで なんびきに なりますか。

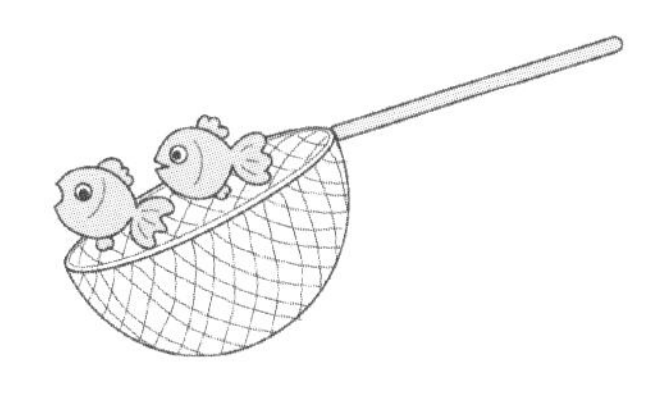

しき　□ ＋ □ ＝ □

こたえ

ロボたまにおしえよう！

かごに りんごが ５こ 入って いるよ。
２こ（入れる）と、りんごは ぜんぶで（　　）こだね。

10までの たしざん

がつ　にち　なまえ

★たしざんの おさらい

○○○ ← ○
↓
○○○○

3＋1＝□

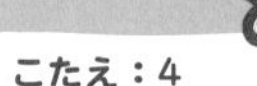

1 つぎの けいさんを しましょう。

① 4＋5＝

② 8＋2＝

③ 7＋1＝

④ 2＋2＝

⑤ 1＋6＝

⑥ 2＋3＝

⑦ 5＋4＝

⑧ 8＋1＝

⑨ 5＋5＝

⑩ 4＋2＝

⑪ 2＋5＝

⑫ 3＋7＝

⑬ 3＋4＝

⑭ 3＋5＝

2 つぎの けいさんを しましょう。

① ●●
$2 + 0 =$ ☐

② ●●●
$0 + 3 =$ ☐

0は なにも ない
かずの ことだね

3 シールを あにが 7まい、おとうとが 2まい もって います。
シールは あわせて なんまいですか。

しき

こたえ ＿＿＿＿＿＿＿＿

4 わなげを しました。1かいめは 3てんの ところに
入（はい）りました。2かいめは はずして しまいました。
わなげの てんすうは あわせて なんてんでしたか。

しき

こたえ ＿＿＿＿＿＿＿＿

ロボたまに おしえよう！

だんごが 4本（ほん）と 2本 あると、
ぜんぶで （　　）本（ぽん）に なるね。

11 ひきざん　のこりは いくつ？

がつ　にち　なまえ

トライ　とりが ４わ います。２わ とんで いくと、
のこりは なんわですか。

しき □ － □ ＝ □

こたえ □ わ

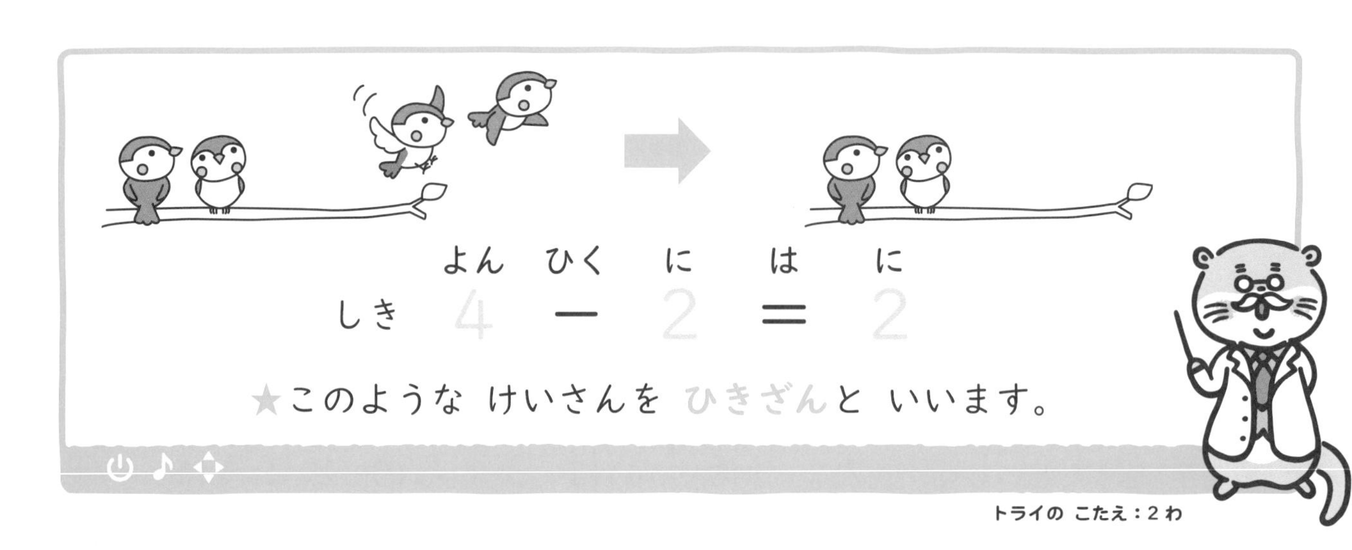

トライの こたえ：２わ

車（くるま）が ８だい とまって います。３だい 出（で）て いきました。
のこりは なんだいですか。

しき □ － □ ＝ □

こたえ

ロボたまにおしえよう！

チョコレートが ３こ あるよ。
１こ たべると、（　　　　）は（　　）こだよ。

12 ひきざん　ちがいは いくつ？

がつ　にち　なまえ

1 みかんが ３こ、りんごが １こ あります。
ちがいは なんこですか。

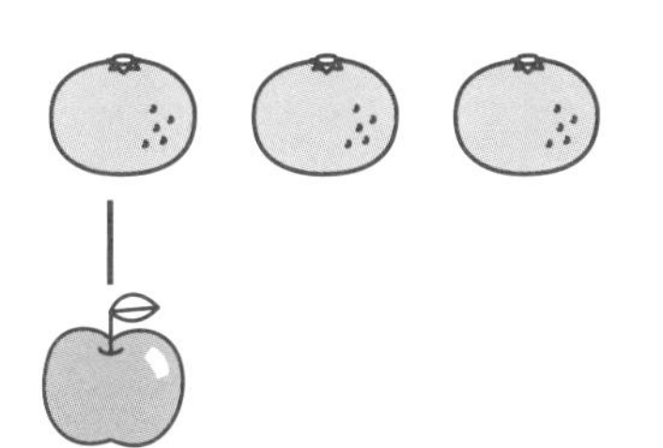

かずの ちがいを 出す ときも
ひきざんを つかうのじゃよ

しき　3 － 1 ＝

こたえ　　こ

2 まるい さらが ９まい、しかくい さらが ６まい あります。
ちがいは なんまいですか。

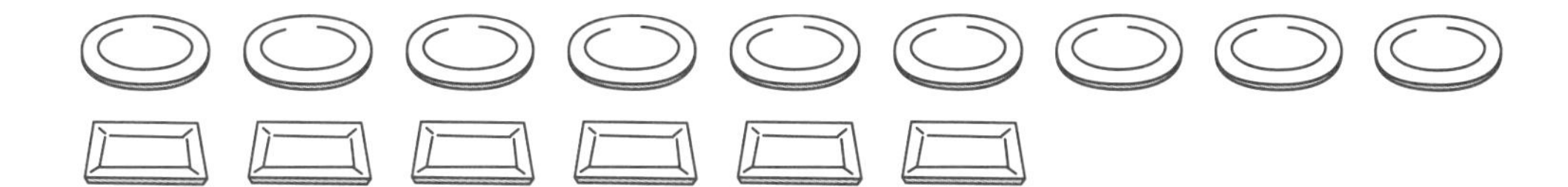

しき

こたえ

ロボたまにおしえよう！

カブトムシが ６ぴき、クワガタが ４ひき いるよ。
（　　　　）は ２ひきだね。

13 10までの ひきざん

がつ　にち　なまえ

★ひきざんの おさらい

$5-1=$ □

こたえ：4

1 つぎの けいさんを しましょう。

① $10-4=$

② $5-4=$

③ $7-5=$

④ $8-4=$

⑤ $6-5=$

⑥ $3-1=$

⑦ $7-3=$

⑧ $8-5=$

⑨ $9-2=$

⑩ $2-1=$

⑪ $10-5=$

⑫ $6-4=$

⑬ $7-2=$

⑭ $9-7=$

2 水(すい)そうに さかなが ３びき います。

① 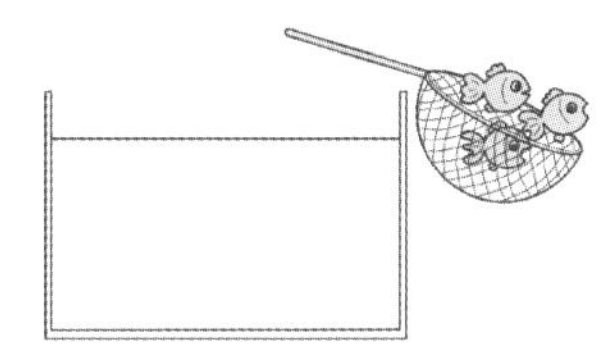

３びき すくうと、

３－３＝□

② 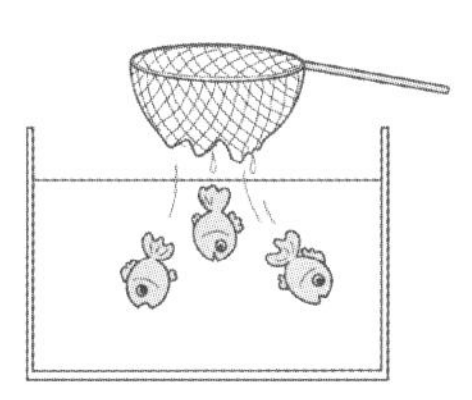

すくえないと、

３－０＝□

なにも ない ときは
どんな かずを
つかったかな？

3 うしが 10とう いました。２とう にげ出(だ)しました。
のこりは なんとうに なりましたか。

しき

こたえ ＿＿＿＿＿＿＿＿

4 赤(あか)い 花(はな)が ８本(ぽん)、きいろい 花が ６本 あります。
どちらが なん本(ぼん) おおいですか。

しき

こたえ ＿＿＿＿ が ＿＿＿＿ おおい

ロボたまに おしえよう！

おかしが ４こ あるよ。
１こ たべると、（　　　　　）は ３こだね。

10より 大きい かず①

がつ　にち　なまえ

トライ　りんごは なんこ ありますか。

こたえ　　こ

バラバラに ならんで いるね。
かぞえるのが たいへんだ～！

10より たくさん ある ときは…

① 10の かたまりを つくります。

10

6　のこり

② タイルに します。

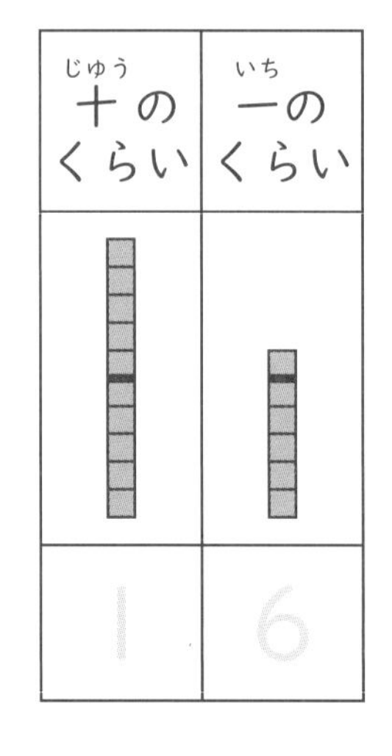

トライの こたえ：16こ

1 □に あてはまる かずを かきましょう。

① 12は

10と □

十の くらい	一の くらい
1	2

② 18は

10と □

十の くらい	一の くらい

③ 15は 10と □

④ 14は 10と □

⑤ 11は 10と □

はて？

10の あとは
いくつ のこるかな？

2 □に あてはまる かずを かきましょう。

① 10と 3で □

② 10と 4で □

③ 10と 8で □

④ 10と 7で □

⑤ 10と 1で □

⑥ 10と 9で □

まずは 10の 一のくらいの 0と
あわせると かんがえるのじゃ

ロボたまに おしえよう！

10より 大(おお)きい かずは 10の かたまりを つくろう！
15は （　　）と （　　）に わけられるね。

15 10より 大きい かず②

がつ　にち　なまえ

1 □に あてはまる かずを かきましょう。

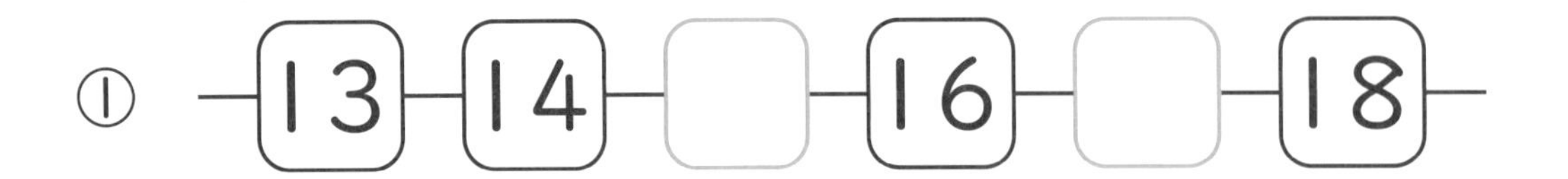

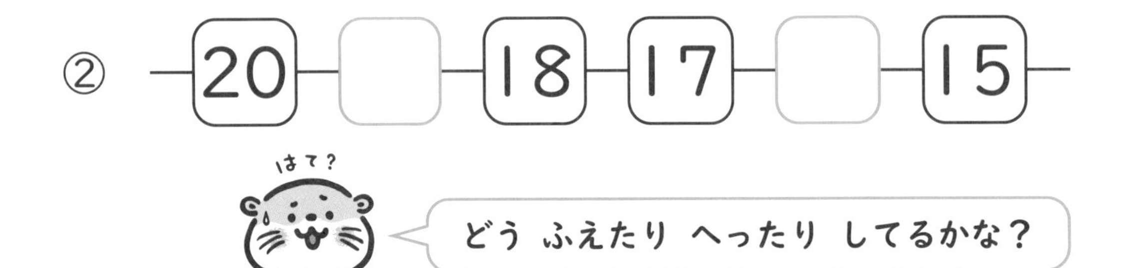

2 大きい ほうに ○を つけましょう。

①（ 9 ， 13 ）　②（ 12 ， 20 ）

3 つぎの かずは いくつですか。

① 15より 2 大きい かず。 → □

② 19より 6 小さい かず。 → □

③ 18より 1 大きい かず。 → □

④ 20より 3 小さい かず。 → □

4 □に かずを かきましょう。

① 13＋2＝□

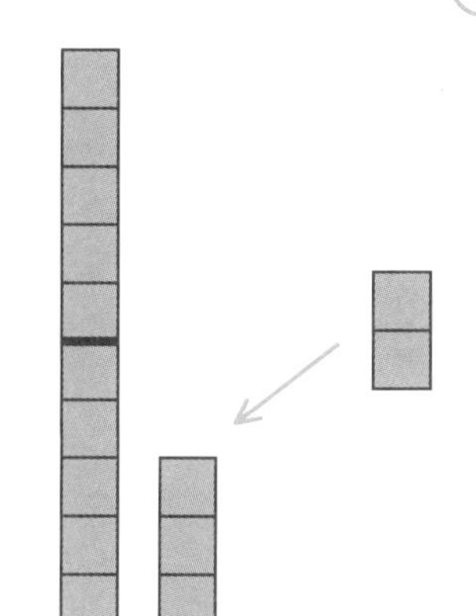

② 16－3＝□

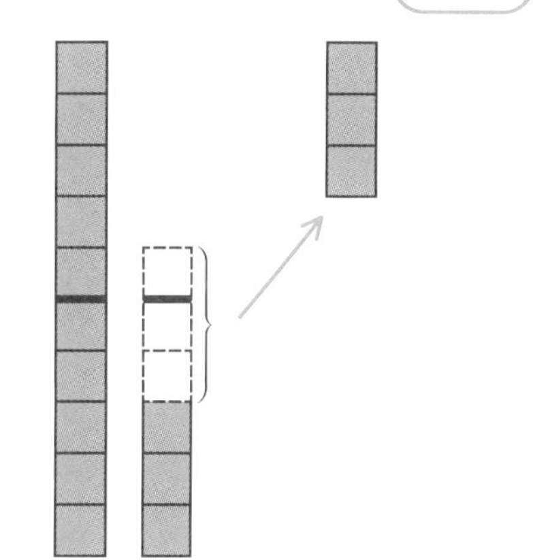

5 つぎの けいさんを しましょう。

① 13＋4＝

② 14＋2＝

③ 10＋8＝

④ 12＋4＝

⑤ 11＋3＝

⑥ 18－5＝

⑦ 19－4＝

⑧ 17－7＝

⑨ 18－2＝

⑩ 16－4＝

ロボたまに おしえよう！

－[2]－[　]－[6]－[8]－[　]－

→ 2とびに なって いるよ！

くり上がりの ある たしざん

がつ　にち　なまえ

トライ　みかんが 8こ あります。おかあさんから 6こ もらうと、ぜんぶで なんこに なりますか。

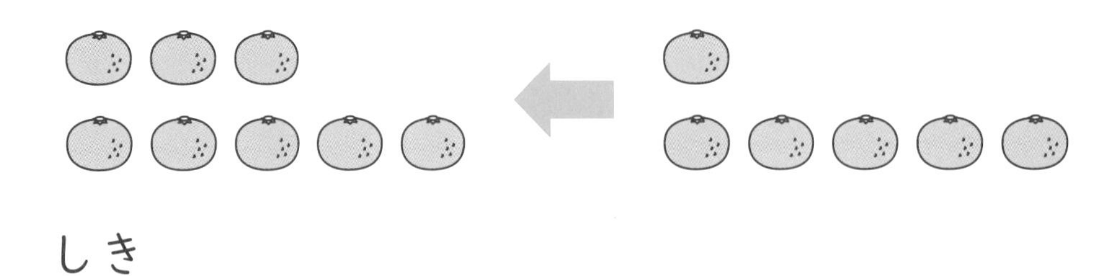

しき

こたえ

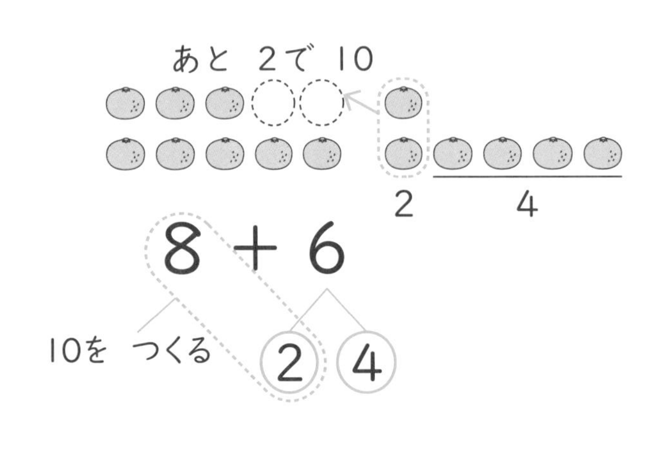

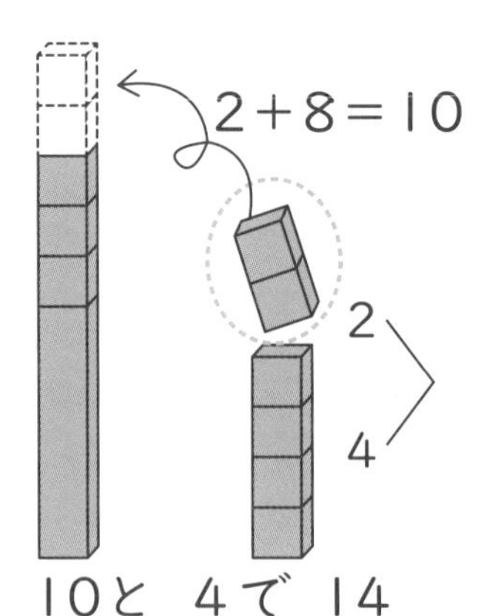

8は あと 2で 10に なるので、
6を 2と 4に わける。
8と 2で 10。10と 4を あわせると…

しき 8＋6＝14

こたえ 14こ

1 ○に すうじを かいてから、たしざんを しましょう。

① $9+4=$
10 ① ③

⑤ $8+7=$
②

② $9+6=$

⑥ $8+3=$

③ $7+9=$
①

⑦ $9+9=$
①

④ $8+9=$

⑧ $6+9=$

2 つぎの けいさんを しましょう。

① $7+4=$

④ $8+6=$

② $9+3=$

⑤ $6+5=$

③ $8+8=$

⑥ $5+9=$

3 つぎの けいさんを しましょう。

① $9+6=$

② $8+3=$

③ $5+5=$

④ $2+9=$

⑤ $8+8=$

⑥ $9+5=$

⑦ $7+5=$

⑧ $8+9=$

⑨ $4+6=$

⑩ $4+9=$

⑪ $5+8=$

⑫ $9+1=$

⑬ $3+9=$

⑭ $9+7=$

⑮ $6+4=$

⑯ $9+9=$

⑰ $6+8=$

⑱ $7+8=$

⑲ $5+6=$

⑳ $9+4=$

4 バスに　9人(にん)　のって　いました。3人　のって　きました。
バスには　みんなで　なん人　のって　いますか。

しき

こたえ ＿＿＿＿＿＿＿＿

5 赤(あか)い　ペンが　5本(ほん)、白(しろ)い　ペンが　6本(ぽん)　あります。
ペンは　ぜんぶで　なん本(ぼん)　ありますか。

しき

こたえ ＿＿＿＿＿＿＿＿

6 車(くるま)が　8だい　とまって　います。
5だい　くると、ぜんぶで　なんだいに　なりますか。

しき

こたえ ＿＿＿＿＿＿＿＿

ロボたまにおしえよう！

8＋3のとき、8は　あと（　　）で　10だから、
3を（　　）と（1）に　わけるよ。
8に（2）を　たして（10）だね。
10と（　　）で　11に　なったよ。

くり下がりの ある ひきざん

がつ　にち　なまえ

トライ　ゆづきさんは みかんを 16こ もって います。
いもうとに 9こ あげました。
みかんは なんこ のこって いますか。

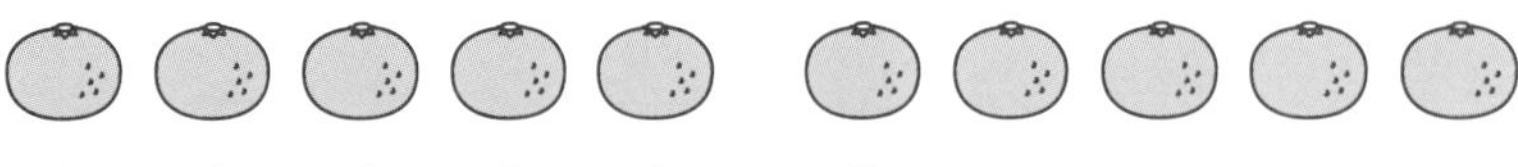

9こ あげる

しき

こたえ

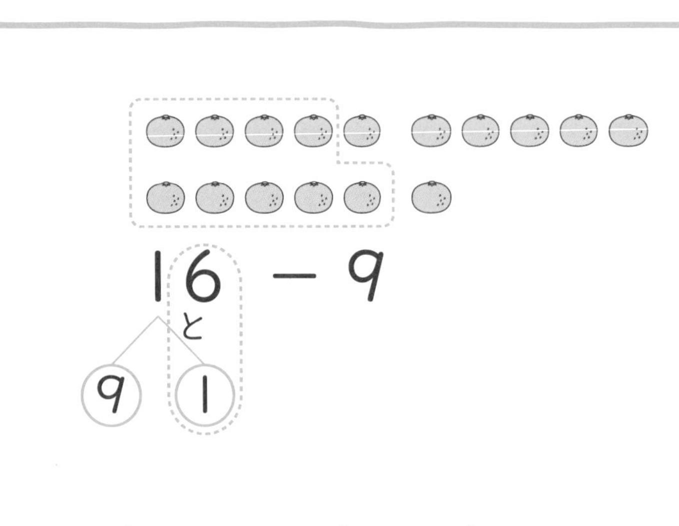

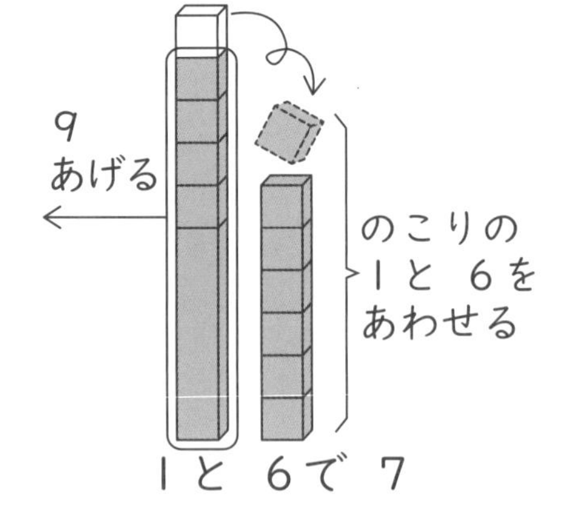

6から 9は ひけないので、
10から 9を ひく。
のこりの 1と 6を あわせる。

しき $16-9=7$

こたえ 7こ

1 ◯に すうじを かいてから、ひきざんを しましょう。

① 13－9＝□

㋐ 3から 9は ひけません。
㋑ 10 ひく 9は 1。
㋒ 1と 3で 4。

② 14－9＝□

③ 12－8＝□

12や 13も、
十（じゅう）のくらいの 1と
一（いち）のくらいの かずを
わけて かんがえられるかな

④ 13－7＝□

⑤ 11－6＝□

⑥ 12－5＝□

⑦ 13－4＝□

⑧ 11－3＝□

2 つぎの けいさんを しましょう。

① $12-4=$

② $11-6=$

③ $14-8=$

④ $13-6=$

⑤ $12-9=$

⑥ $15-6=$

⑦ $11-4=$

⑧ $16-8=$

⑨ $13-5=$

⑩ $15-9=$

⑪ $14-5=$

⑫ $12-6=$

⑬ $15-8=$

⑭ $11-7=$

⑮ $17-9=$

⑯ $16-7=$

⑰ $12-5=$

⑱ $14-7=$

⑲ $11-8=$

⑳ $13-9=$

3 ハチが 15ひき いました。7ひき とんで いきました。
ハチは なんびき のこって いますか。

しき

こたえ ＿＿＿＿＿＿＿＿

4 犬（いぬ）が 7ひき、ねこが 13びき います。
どちらが なんびき おおいですか。

しき

こたえ ＿＿＿＿ が ＿＿＿＿ おおい

5 おりがみが 16まい あります。
9まい つかうと、のこりは なんまいに なりますか。

しき

こたえ ＿＿＿＿＿＿＿＿

ロボたまにおしえよう！

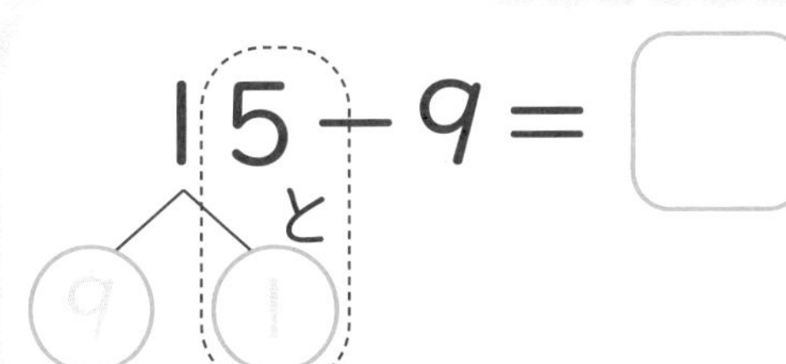

・5から 9は ひけないよ。
・10 ひく 9は（　　）。
・5 たす 1で（　　）。

3つの かずの けいさん①

がつ　にち　なまえ

1 すずめは ぜんぶで なんわに なりましたか。

5わ いた　　2わ きた　　また 1わ きた

しき 5 ＋ 2 ＋ 1 ＝

①　②

こたえ　　わ

2 みかんの のこりは なんこに なりましたか。

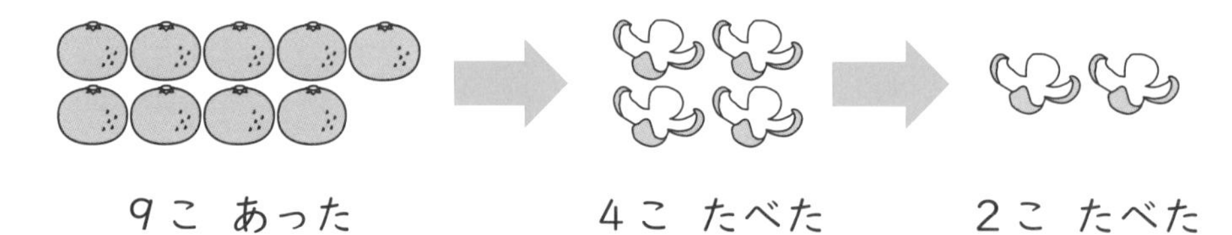

9こ あった　　4こ たべた　　2こ たべた

しき 9 － 4 － 2 ＝

①　②

こたえ　　こ

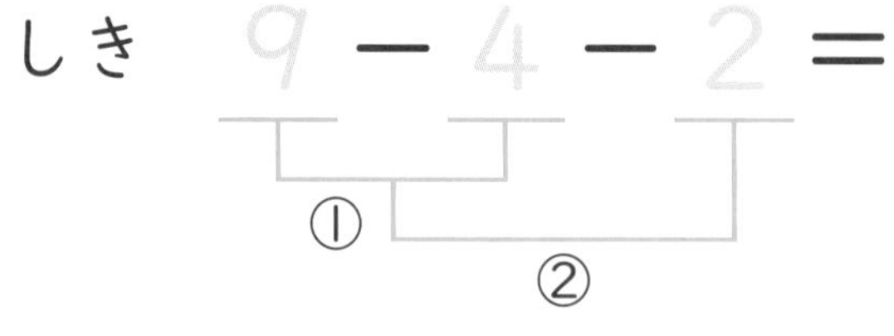

3 つぎの けいさんを しましょう。

① $2+3+4=$

② $5+1+3=$

③ $7+2+1=$

④ $5+5+2=$

⑤ $3+6+1=$

⑥ $6+4+7=$

⑦ $8+2+5=$

⑧ $3+7+1=$

⑨ $9+1+6=$

⑩ $9-1-4=$

⑪ $8-5-2=$

⑫ $10-5-2=$

⑬ $14-4-4=$

⑭ $10-6-3=$

⑮ $12-2-7=$

⑯ $15-5-4=$

⑰ $17-7-6=$

⑱ $19-9-5=$

ロボたまにおしえよう!

13－3－5＝?

① 13から 3を ひくと (10)

② (10)－5＝(　　)

3つの かずの けいさん②

がつ　　にち　　なまえ

トライ　8きれの ピザが ありました。3きれ たべた あと、2きれ もらいました。

いま、ピザは なんきれ ありますか。

しき　8 □ 3 □ 2 = □

こたえ　

どこから どこを ひくのかな？　あれ、ふえたりも して いるね？

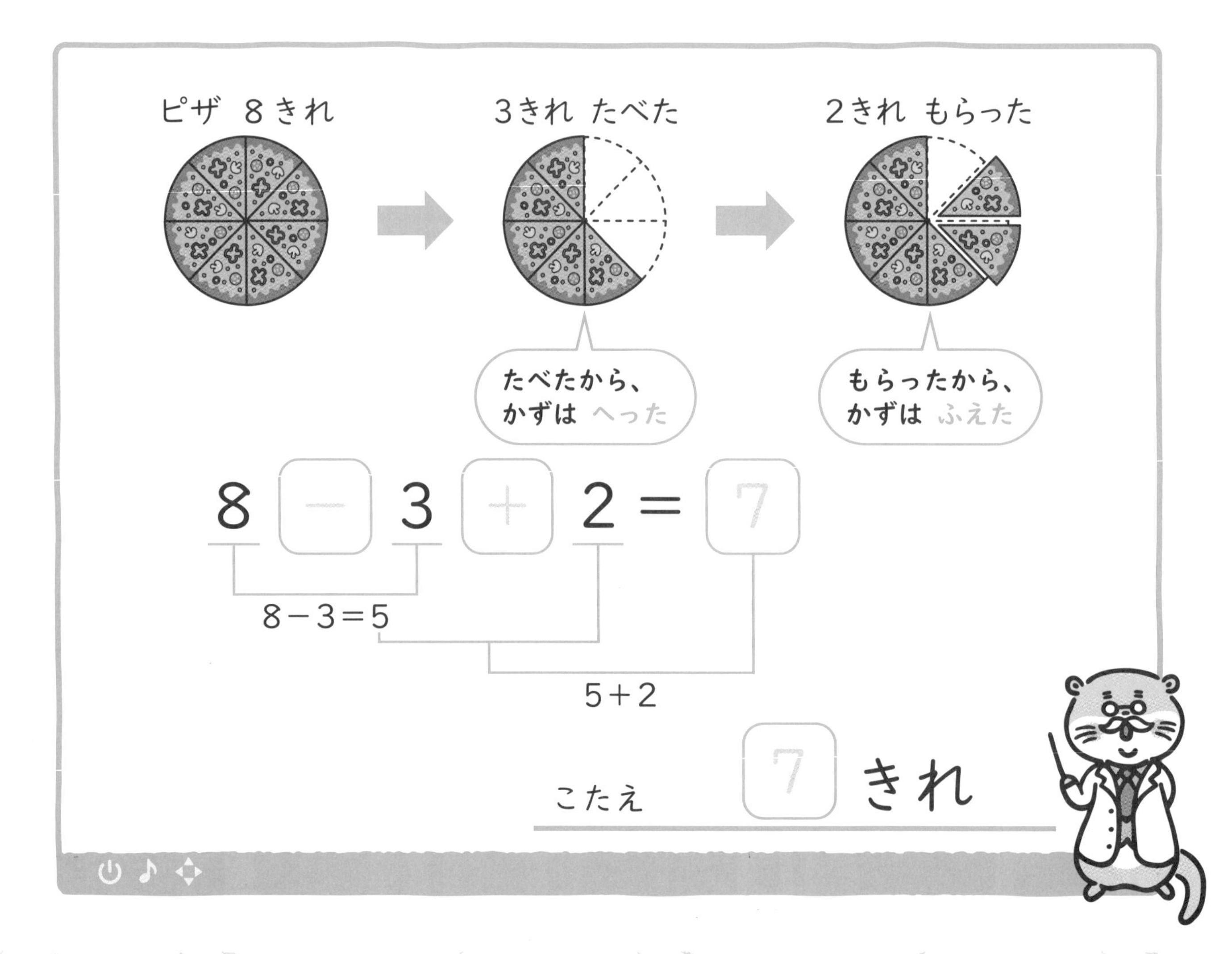

1 みかんを 5こ もって います。おとうさんから 3こ もらいました。いもうとに 2こ あげました。
いま、なんこ ありますか。

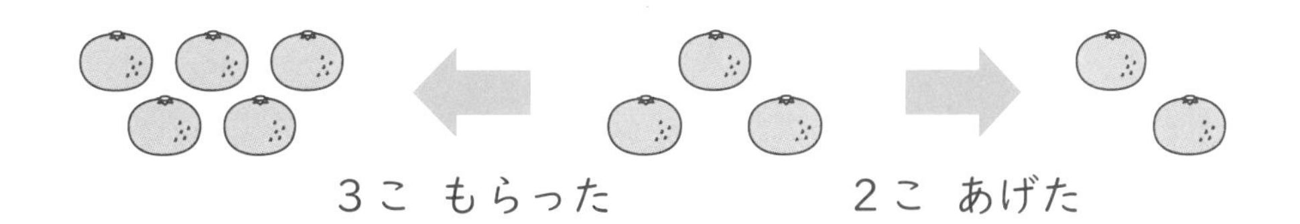

しき 5 □ 3 □ 2 = □

こたえ ＿＿＿＿＿＿

2 つぎの けいさんを しましょう。

① $5+2-3=$

② $7+1-5=$

③ $7-3+2=$

④ $6-4+5=$

⑤ $8+2-4=$

⑥ $9+1-5=$

⑦ $10-8+7=$

⑧ $10-7+2=$

ロボたまに おしえよう！

$3+4-5=$（　）

① $3+4=$（7）

② （7）$-5=$（　）

100までの かず、100より 大きい かず

1 まめは ぜんぶで いくつ ありますか。

10の かたまりを
つくる ことで
かぞえやすく
なるね

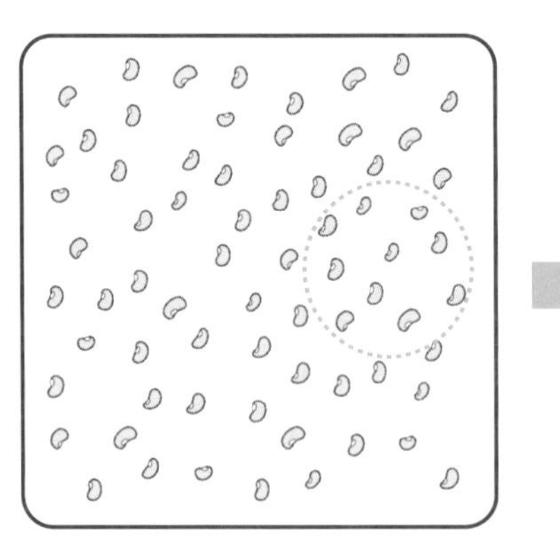

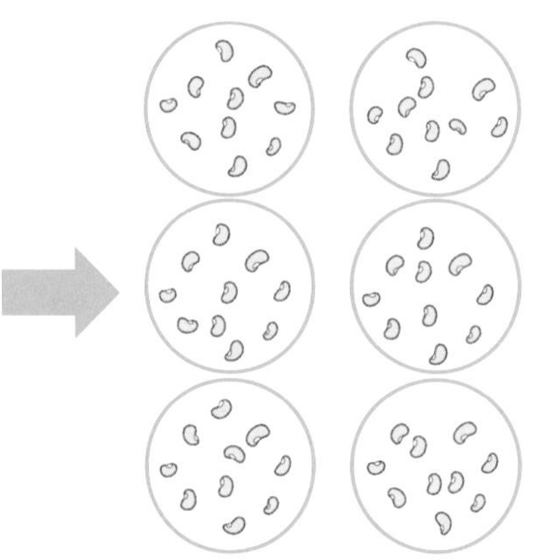

10の かたまりが 6こと ばらが 9こです。
まめは ぜんぶで （　　　）こです。

2 どんぐりは ぜんぶで いくつ ありますか。

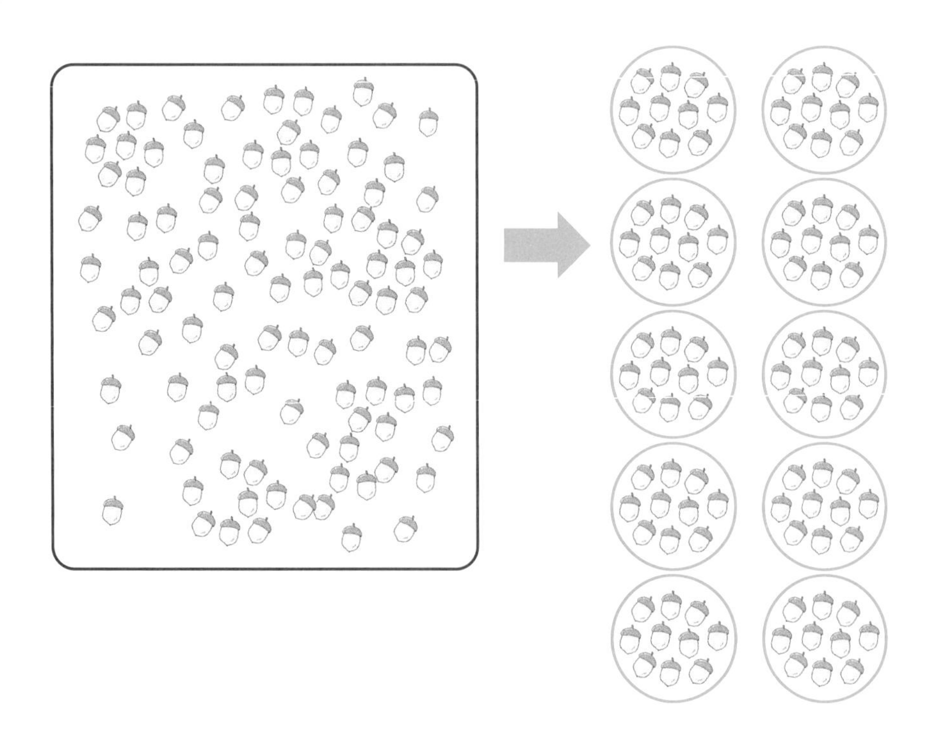

10の かたまりが 10こです。
どんぐりは ぜんぶで （　　　）こです。

3 □に あてはまる かずを かきましょう。

① 10が 5こと 1が 7こで □□ です。

② 10が 8こで □□ です。

③ 82の 十（じゅう）のくらいの すうじは □、一（いち）のくらいの すうじは □ です。

④ 124の 百（ひゃく）のくらいの すうじは □、十のくらいの すうじは □、一のくらいの すうじは □ です。

4 いくつとびで ならんで いるか かんがえて、□に あてはまる かずを かきましょう。

① 80 − 90 − □ − 110 − □ − 130

10ずつ ふえて いる

② 100 − □ − 98 − □ − □ − 95

ロボたまにおしえよう！

10が 10こで （　　　）だよ。

100は 99より （　　）大（おお）きい かずだね。

2けたの たしざん

がつ　　にち　　なまえ

トライ　キャンディーが ふくろに 32こ 入って います。
おばあさんから 6こ もらいました。
ぜんぶで なんこに なりましたか。

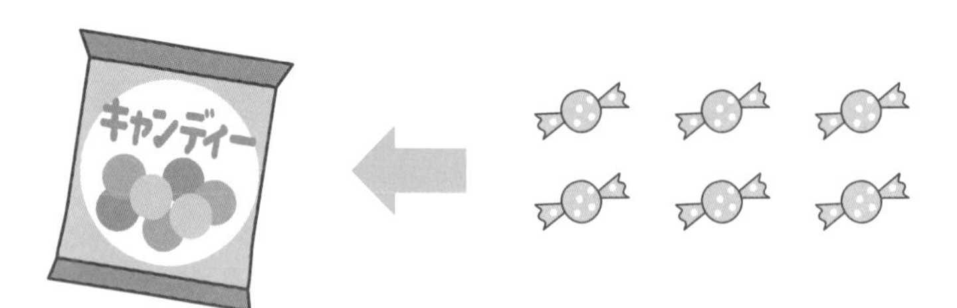

しき

こたえ

32＋6＝92で、92こかな？

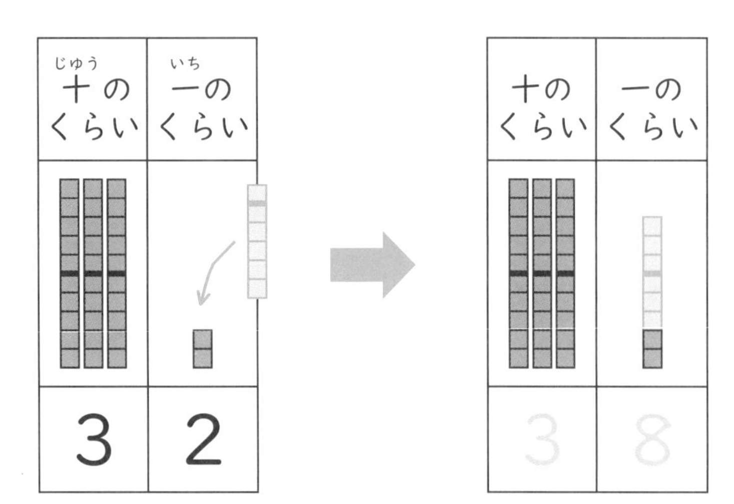

2けたの けいさんは
くらいを そろえて
けいさんします。

しき　32＋6＝38

こたえ　38こ

1 つぎの　けいさんを　しましょう。

① $23+2=$

② $45+3=$

③ $30+40=$

④ $70+30=$

⑤ $50+4=$

⑥ $8+60=$

⑦ $2+90=$

⑧ $9+70=$

2 青(あお)い　いろがみが　40まいと、きいろい　いろがみが　60まい　あります。

いろがみは　ぜんぶで　なんまいですか。

青

きいろ
10まい　10まい　10まい　10まい

10まい

しき

こたえ ＿＿＿＿＿＿＿＿

ロボたまにおしえよう！

24＋3＝（　　　）

4と　3は　おなじ（　　）のくらいだよ。

2けたの ひきざん

がつ　にち　なまえ

トライ　たまごが 25こ あります。5こ つかいました。
のこりは なんこ ありますか。

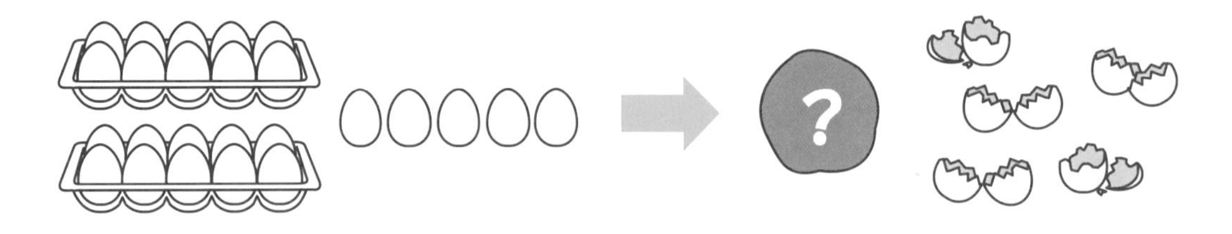

しき

こたえ

68ページの たしざんと にて いるね

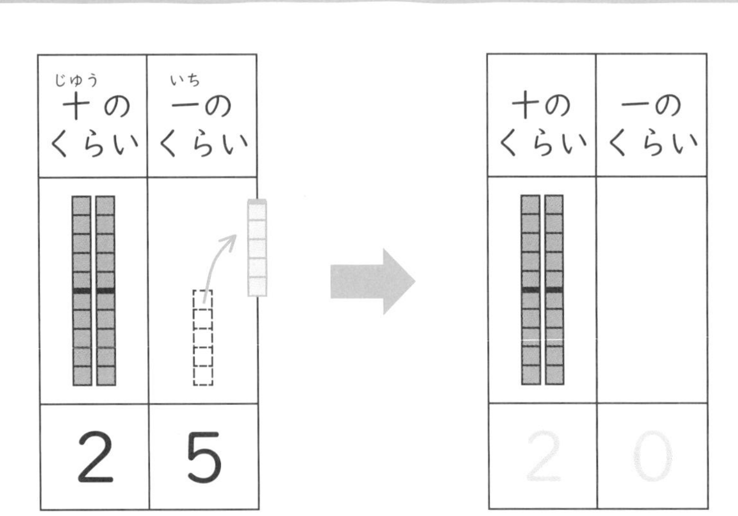

2けたの けいさんは
くらいを そろえて
けいさんします。

しき　25－5＝20

こたえ　20こ

1 つぎの けいさんを しましょう。

① 45－2＝

② 68－5＝

③ 90－30＝

④ 100－20＝

⑤ 62－2＝

⑥ 73－3＝

⑦ 56－50＝

⑧ 89－40＝

2 90円(えん)の えんぴつと 40円の えんぴつが あります。ねだんの ちがいは いくらですか。

しき

10の まとまりが 9こで、
そこから 10の まとまり
4こを ひくのじゃよ

こたえ

ロボたまにおしえよう！

34－2＝（　　　）

4と 2は おなじ（　　）のくらいだよ。

がつ　にち　なまえ

トライ　この とけいは なんじですか。

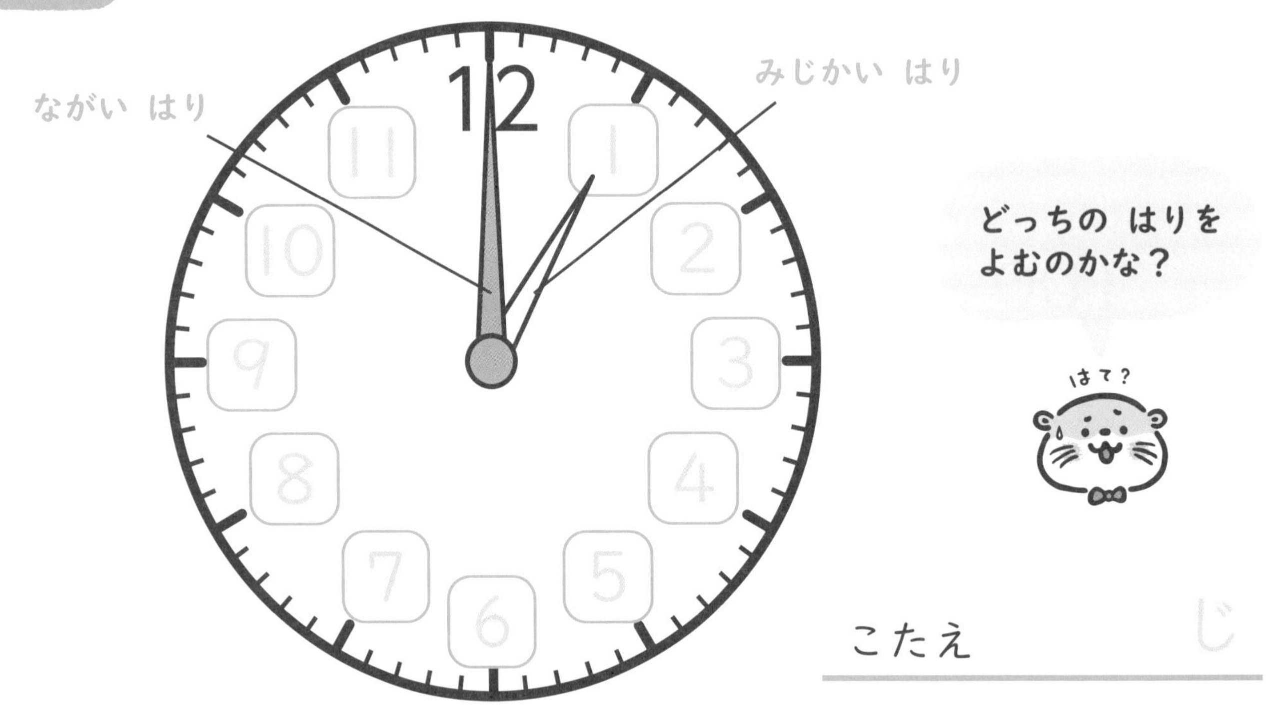

こたえ　　じ

★とけいの よみかた

・みじかい はりは なんじかを あらわして いて、**大きい すうじ**を よみます。

・ながい はりは なんぷんかを あらわして いて、**小さい めもり**を よみます。
ひとめもりは 1ぷんです。

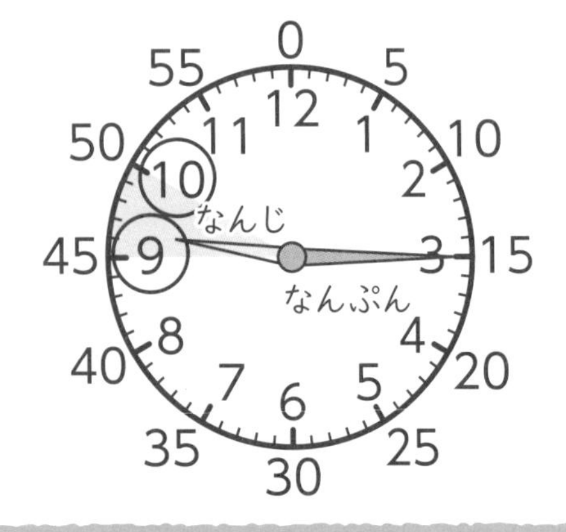

この とけいは

9じ15ふん です。

トライの こたえ：1じ

ながい はりが
6を さす ときを、
「はん」とも いうよ

1 つぎの とけいを よみましょう。

①

(　　　　　　)

②

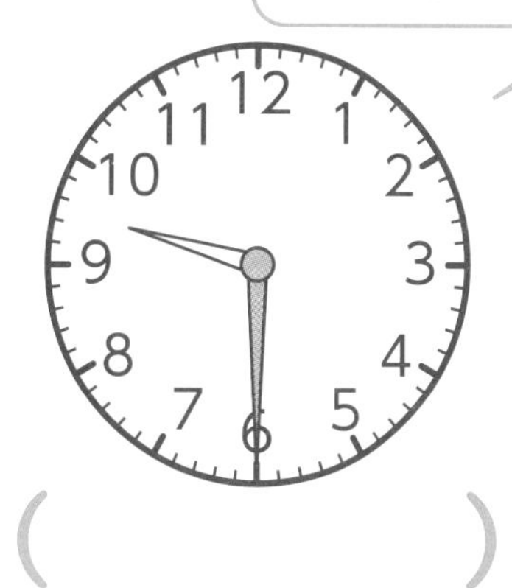

(　　　　　　)

③

(　　　　　　)

④

(　　　　　　)

2 つぎの じかんに なるように、とけいに ながい はりを かきましょう。

① 10じ20ぷん

② 6じ35ふん

③ 12じ12ふん

ロボたまにおしえよう!

この とけいは、(　　)じ 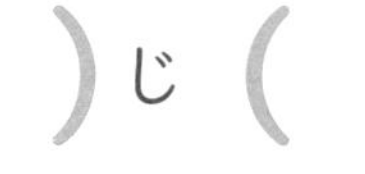 (　　)ふん!

24 ながさの くらべかた

がつ　にち　なまえ

1 いちばん ながい ものの きごうを（　）に かきましょう。

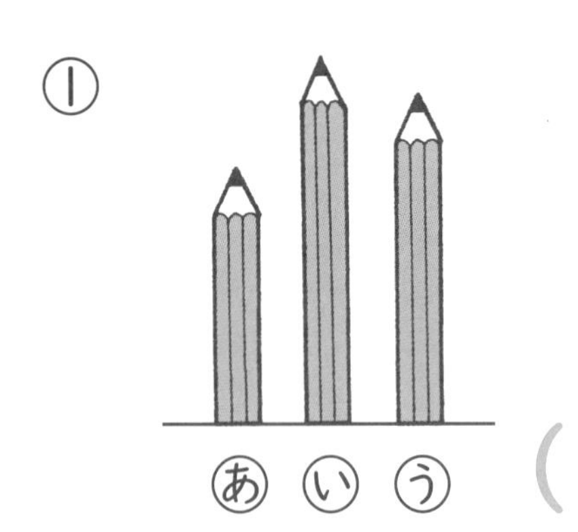

（　　　）

② あ い う（　　　）

はかりはじめは そろえよう

2 ながい ほうの（　）に ○を つけましょう。

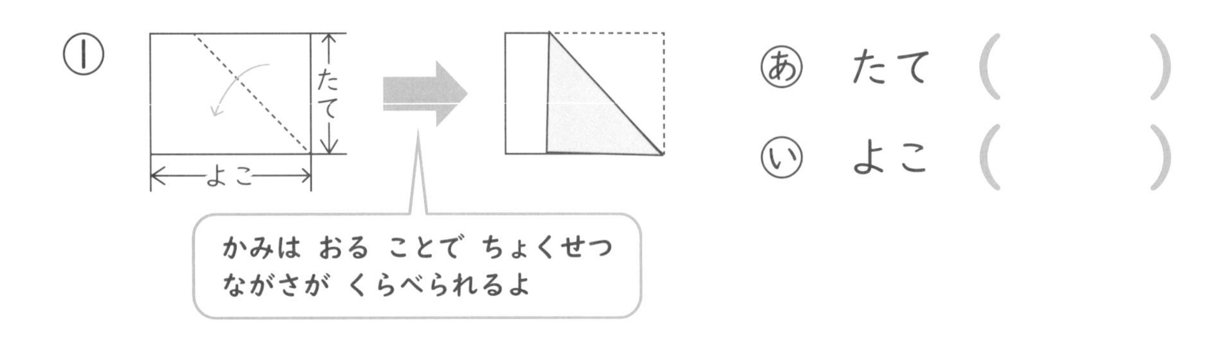

あ たて（　　　）

い よこ（　　　）

② あ フランスパン　い コッペパン

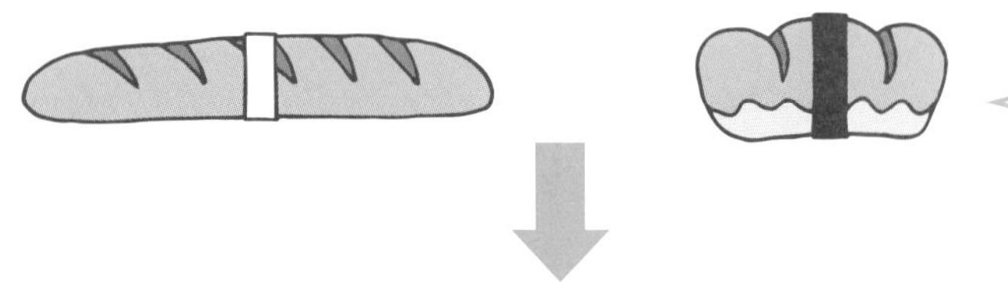

ちょくせつ ながさを
はかれない ものには
テープを まいて
その ながさを はかろう

あ（　　　）

い（　　　）

3 けいさんカードを つかい、ながさくらべを しました。ながい ほうの（　）に ○を しましょう。

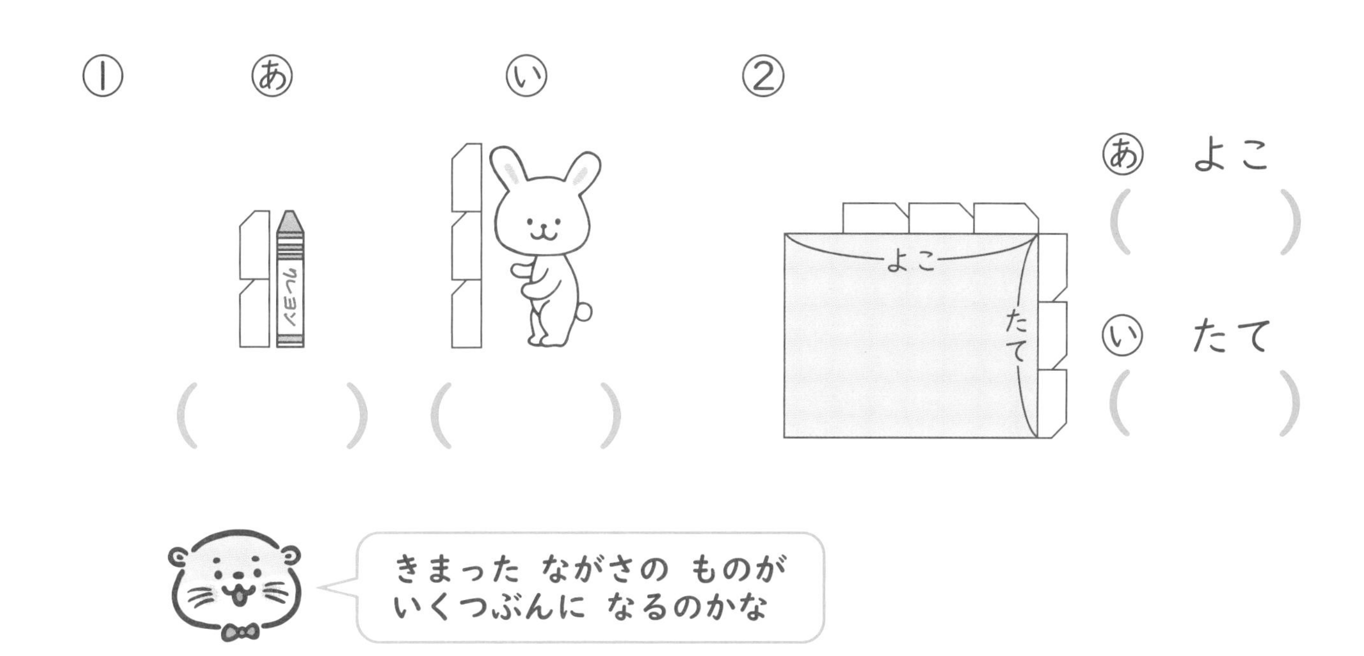

きまった ながさの ものが いくつぶんに なるのかな

4 ながい じゅんに きごうを かきましょう。

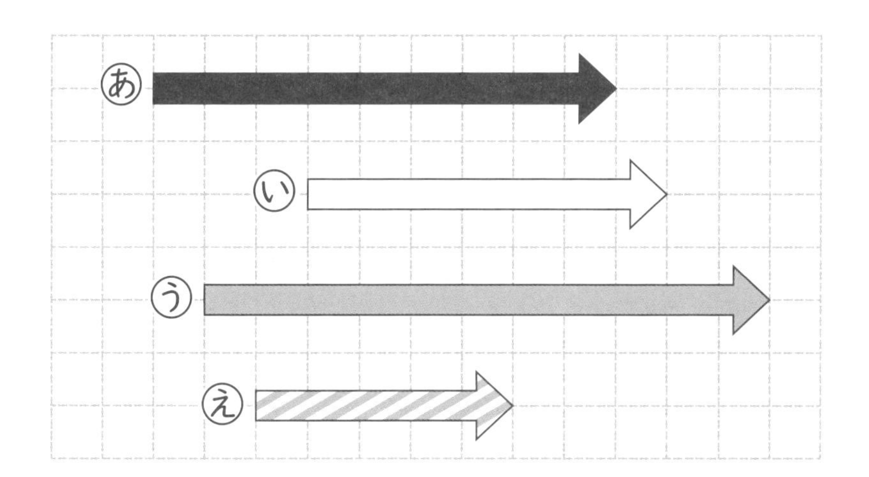

じゅん	きごう
1ばん	
2ばん	
3ばん	
4ばん	

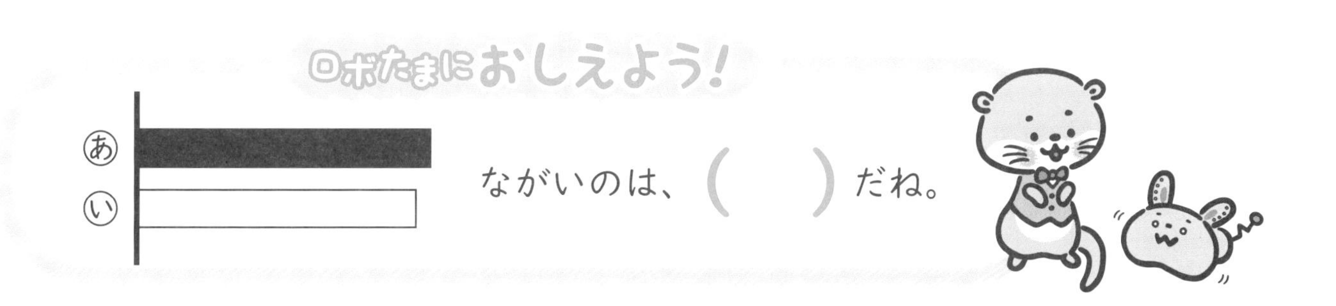

ひろさの くらべかた

がつ　にち　なまえ

ひろい ほうの（　）に ○を つけましょう。

①

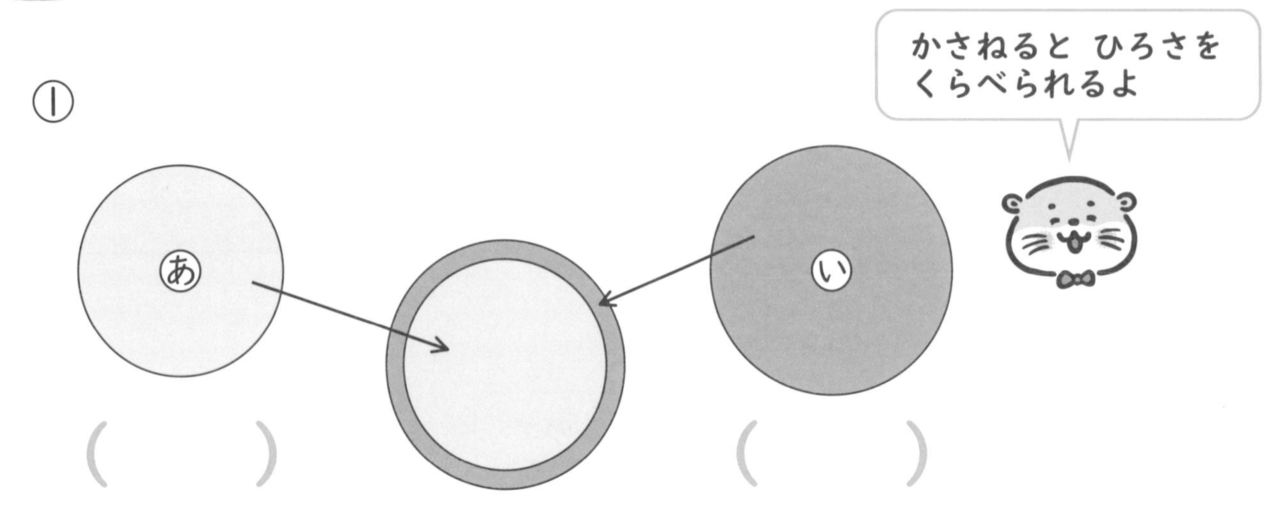

（　）　（　）

②

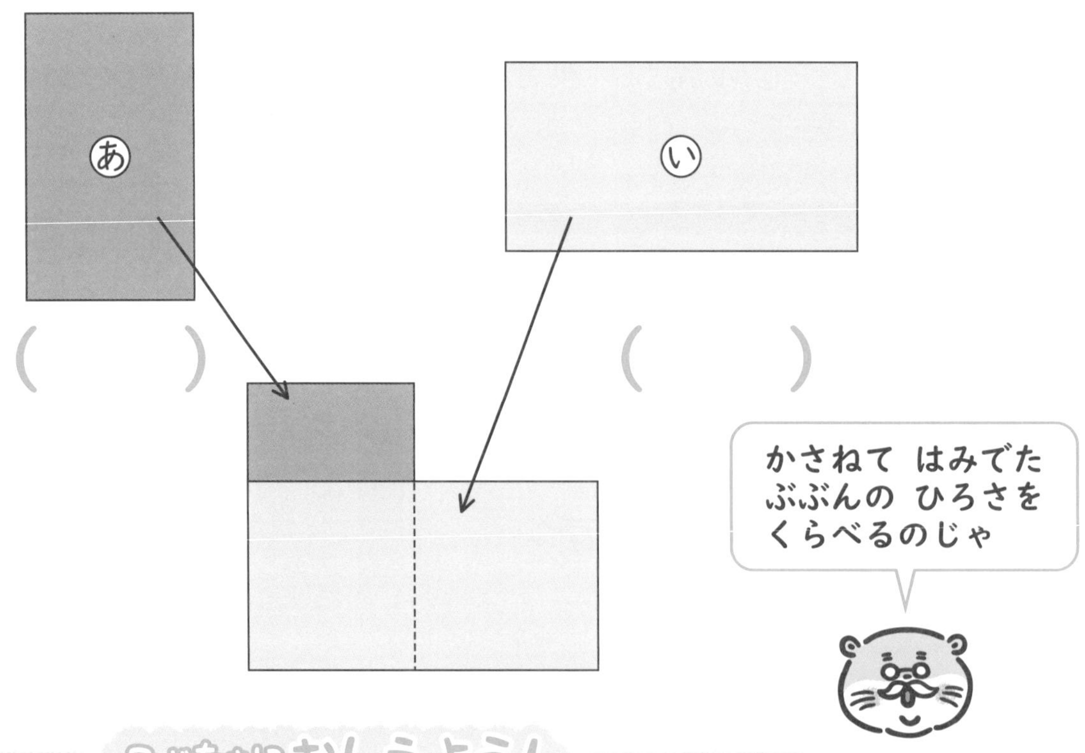

（　）　（　）

ロボたまにおしえよう！

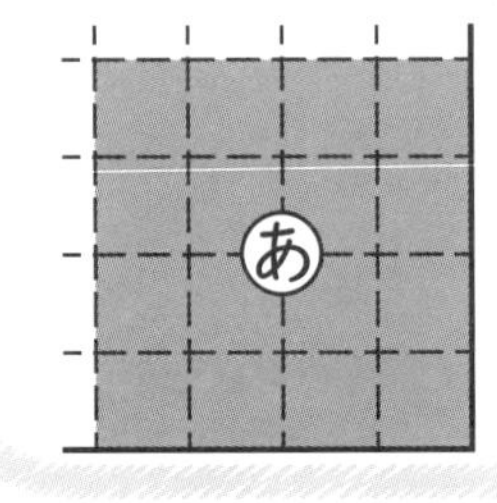

あは ■ の（　）こぶん。

マスの かずで ひろさが わかるね！

26 かさの くらべかた

がつ　にち　なまえ

1 かさが おおい ほうの（　）に ○を つけましょう。

①

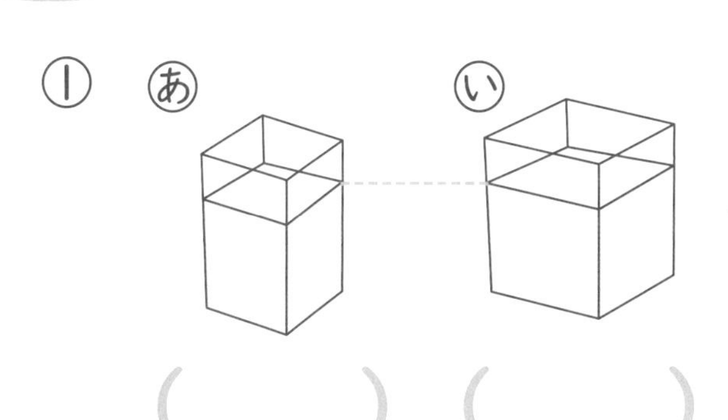

たかさは おなじだけど、入れものの 大きさが ちがうね

（　　）（　　）

②

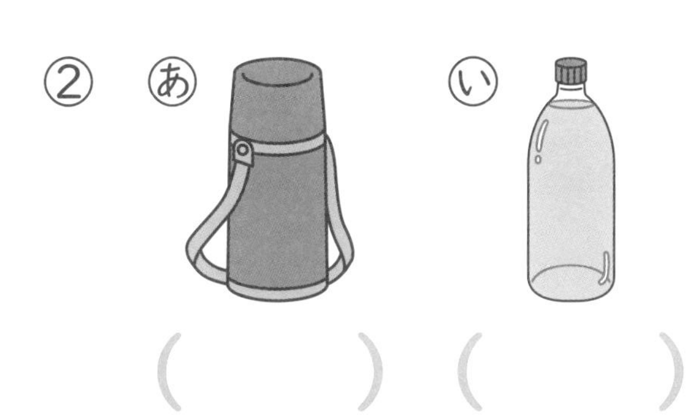

おなじ 大きさの 入れものに うつす

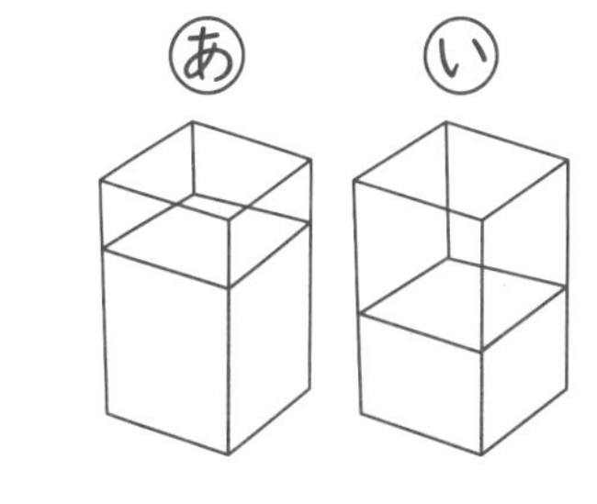

（　　）（　　）

2 おなじ 大きさの コップを つかって、水の かさを くらべました。

おおい ほうの（　）に ○を つけましょう。

（　　）（　　）

ロボたまに おしえよう！

かさは（　　　　）大きさの 入れものが いくつぶん あるかで くらべられるよ。

○ばんと ○ばんめ

がつ　にち　なまえ

1 あてはまる ところを ○で かこみましょう。

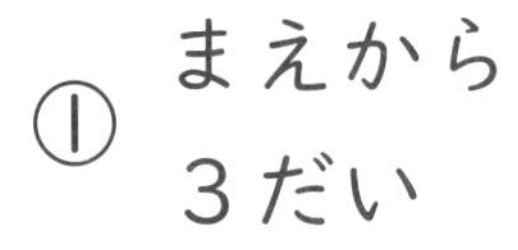

① まえから 3だい

「3だい」と
「3だいめ」で
かこみかたが
かわるよ

② まえから 3だいめ

③ うしろから 5だい

④ うしろから 5だいめ

⑤ 左（ひだり）から 4ひき

⑥ 左から 2ひきめ

⑦ 右（みぎ）から 3びき

⑧ 右から 5ひきめ

2 えを 見て こたえましょう。

① たぬきは まえから 3ばんめです。たぬきの まえには なんびき いますか。

( ) ひき

② きつねの まえに 3びき います。きつねは まえから なんばんめですか。

( ) ばんめ

3 えを 見て こたえましょう。

① あさひさんの ロッカーは、上の だんの 右から 3ばんめです。えを ○で かこみましょう。

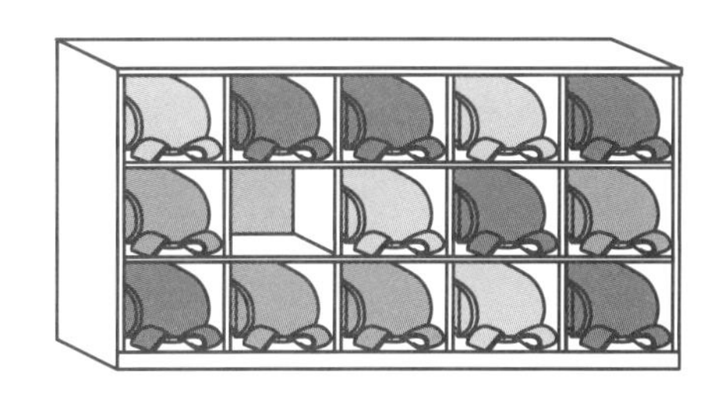

② みずきさんの ロッカーは、下の だんの 左から 5ばんめです。えを △で かこみましょう。

③ こはるさんは お休みです。
　こはるさんの ロッカーは、上から ( ) だんめで、左から ( ) ばんめです。

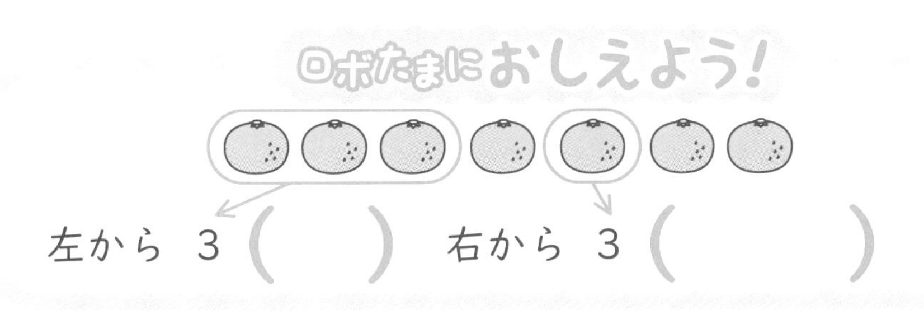

学力の基礎をきたえどの子も伸ばす研究会

HPアドレス　http://gakuryoku.info/
常任委員長　岸本ひとみ
事務局　〒675-0032 加古川市加古川町備後178-1-2-102 岸本ひとみ方　☎・Fax 0794-26-5133

① めざすもの

私たちは、すべての子どもたちが、日本国憲法と子どもの権利条約の精神に基づき、確かな学力の形成を通して豊かな人格の発達が保障され、民主平和の日本の主権者として成長することを願っています。しかし、発達の基盤ともいうべき学力の基礎を鍛えられないまま落ちこぼれている子どもたちが普遍化し、「荒れ」の情況があちこちで出てきています。

私たちは、「見える学力、見えない学力」を共に養うこと、すなわち、基礎の学習をやり遂げさせることと、読書やいろいろな体験を積むことを通して、子どもたちが「自信と誇りとやる気」を持てるようになると考えています。

私たちは、人格の発達が歪められている情況の中で、それを克服し、子どもたちが豊かに成長するような実践に挑戦します。

そのために、つぎのような研究と活動を進めていきます。

① 「読み・書き・計算」を基軸とした学力の基礎をきたえる実践の創造と普及。
② 豊かで確かな学力づくりと子どもを励ます指導と評価の探究。
③ 特別な力量や経験がなくても、その気になれば「いつでも・どこでも・だれでも」ができる実践の普及。
④ 子どもの発達を軸とした父母・国民・他の民間教育団体との協力、共同。

私たちの実践が、大多数の教職員や父母・国民の方々に支持され、大きな教育運動になるよう地道な努力を継続していきます。

② 会　員

- 本会の「めざすもの」を認め、会費を納入する人は、会員になることができる。
- 会費は、年4000円とし、7月末までに納入すること。①または②

①郵便振替　口座番号　00920-9-319769
名　称　学力の基礎をきたえどの子も伸ばす研究会

②ゆうちょ銀行
店番099　店名〇九九店（ゼロキュウキュウ）　当座0319769

- 特典　研究会をする場合、講師派遣の補助を受けることができる。
  大会参加費の割引を受けることができる。
  学力研ニュース、研究会などの案内を無料で送付してもらうことができる。
  自分の実践を学力研ニュースなどに発表することができる。
  研究の部会を作り、会場費などの補助を受けることができる。
  地域サークルを作り、会場費の補助を受けることができる。

③ 活　動

全国家庭塾連絡会と協力して以下の活動を行う。

- 全国大会　全国の研究、実践の交流、深化をはかる場とし、年１回開催する。通常、夏に行う。
- 地域別集会　地域の研究、実践の交流、深化をはかる場とし、年１回開催する。
- 合宿研究会　研究、実践をさらに深化するために行う。
- 地域サークル　日常の研究、実践の交流、深化の場であり、本会の基本活動である。
  可能な限り月１回の月例会を行う。会場費の補助を受けることができる。
- 全国キャラバン　地域の要請に基づいて講師派遣をする。

全国家庭塾連絡会

① めざすもの

私たちは、日本国憲法と教育基本法の精神に基づき、すべての子どもたちが確かな学力と豊かな人格を身につけて、わが国の主権者として成長することを願っています。しかし、わが子も含めて、能力があるにもかかわらず、必要な学力が身につかないままになっている子どもたちがたくさんいることに心を痛めています。

私たちは学力研が追究している教育活動に学びながら、「全国家庭塾連絡会」を結成しました。

この会は、わが子に家庭学習の習慣化を促すことを主な活動内容とする家庭塾運動の交流と普及を目的としています。

私たちの試みが、多くの父母や教職員、市民の方々に支持され、地域に根ざした大きな運動になるよう学力研と連携しながら努力を継続していきます。

② 会　員

本会の「めざすもの」を認め、会費を納入する人は会員になれる。
会費は年額1000円とし（団体加入は年額2000円）、8月末までに納入する。
会員は会報や連絡交流会の案内、学力研集会の情報などをもらえる。

事務局　〒564-0041 大阪府吹田市泉町4-29-13 影浦邦子方　☎・Fax 06-6380-0420
郵便振替　口座番号　00900-1-109969　名称　全国家庭塾連絡会

算数だいじょうぶドリル　小学１年生
2021年1月20日　発行
●著者／深澤 英雄
編集／金井 敬之
●デザイン／美濃企画株式会社
●制作担当編集／樫内 真名生
●企画／清風堂書店
●HP／http://foruma.co.jp
●発行者／面屋 尚志
●発行所／フォーラム・A
〒530-0056 大阪市北区兎我野町15-13 ミユキビル
TEL／06-6365-5606　FAX／06-6365-5607
振替／00970-3-127184
乱丁・落丁本はおとりかえいたします。

1年生
こたえ

p. 4-5　1　5まで かぞえよう①

1
① ●●●○○
　○○○○○
② ●○○○○
　○○○○○
③ ●●●●○
　○○○○○
④ ●●●●●
　○○○○○

2
① きりん　●●●○○
　ぞ　う　●●○○○
　さ　る　●●●●●
② さる

p. 6-7　2　5まで かぞえよう②

1
① — ⓘ
② — ⓐ
③ — ⓔ
④ — ⓤ

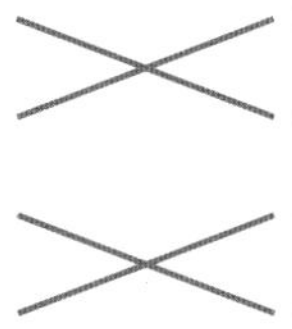

2
① Ⓘ
② Ⓘ
③ Ⓐ
④ Ⓘ

p. 8-9　3　10まで かぞえよう①

1
① ●●●●●
　●●●○○
② ●●●●●
　●○○○○
③ ●●●●●
　●●●●○
④ ●●●●●
　●●○○○

2
① いぬ　●●●●●●●●○○
　ねこ　●●●●●●○○○○
　ねずみ　●●●●●●●●●●
② ねこ

p. 10-11 4 10まで かぞえよう②

1
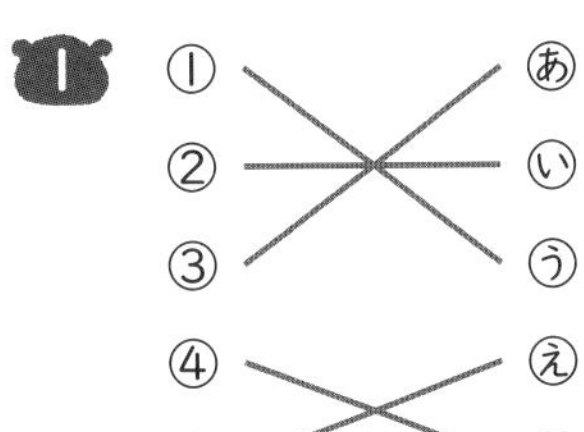

2
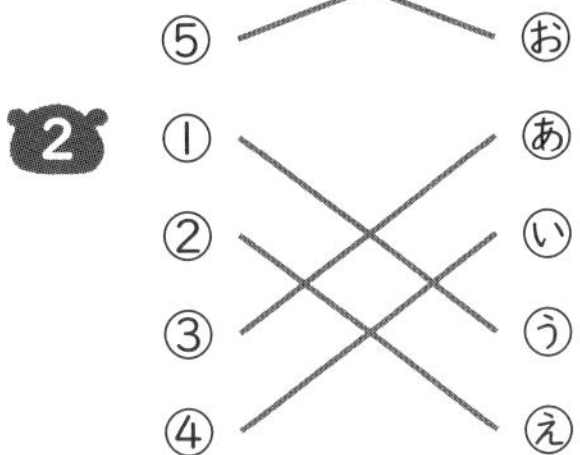

p. 12-13 5 10まで かぞえよう③

1

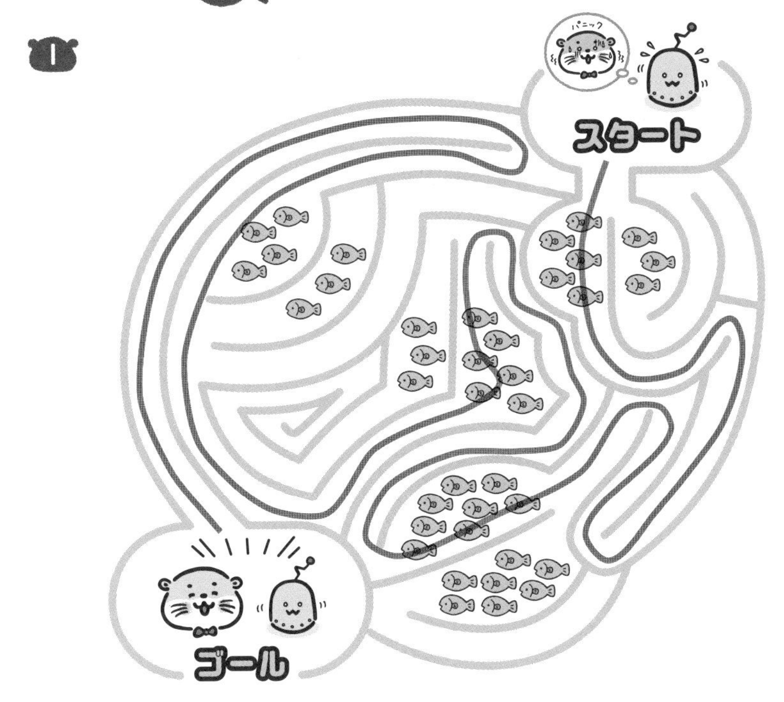

2 ① あ

② あ

③ い

④ あ

p. 14-15 6 20まで かぞえよう①

1 ① サッカーボールは 17こ

② あ

2 ① い

② あ

③ い

p. 16-17 7 20まで かぞえよう②

1

2

①	20	⑥	13
②	11	⑦	19
③	14	⑧	12
④	18	⑨	15
⑤	17	⑩	20

p. 18-19 8 なんばんめ？

1

たぬき ○○●○○

く　ま ○○○○●

り　す ●○○○○

きつね ○○○●○

うさぎ ○●○○○

2

① まえ　うしろ

② まえ　うしろ

③ まえ　うしろ

④ まえ　うしろ

⑤ まえ　うしろ

p. 20-21 9 とけい

1 2 こたえは、しょうりゃくして います。

p. 22-23 10 ながさ

① あ
② い
③ い
④ あ
⑤ あ
⑥ い
⑦ あ

p. 24-25 11 ひろさ

① い
② あ
③ あ
④ う
⑤ あ
⑥ あ

p. 26-27 12 かさ

1
① あ
② い
③ あ

2 い

3
① ╳ あ
② ╳ い

p. 28-29 13 かたち

1

① あ
② い
③ う
④ え

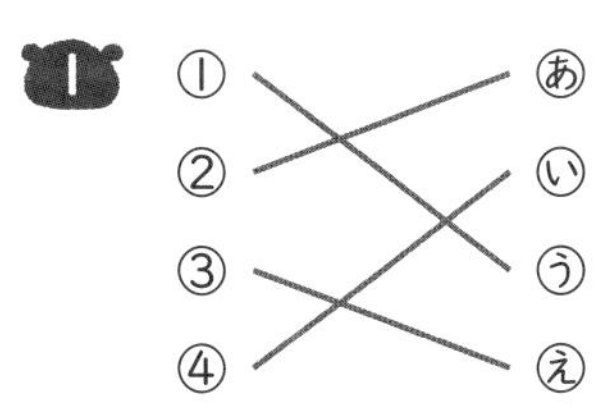

2

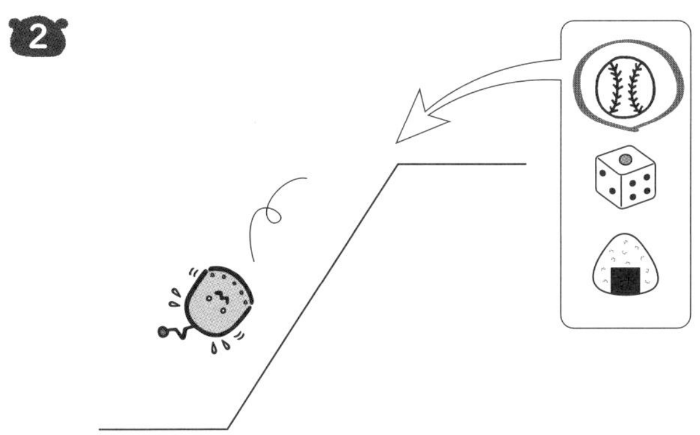

14 みぎと ひだりと うえと した

1

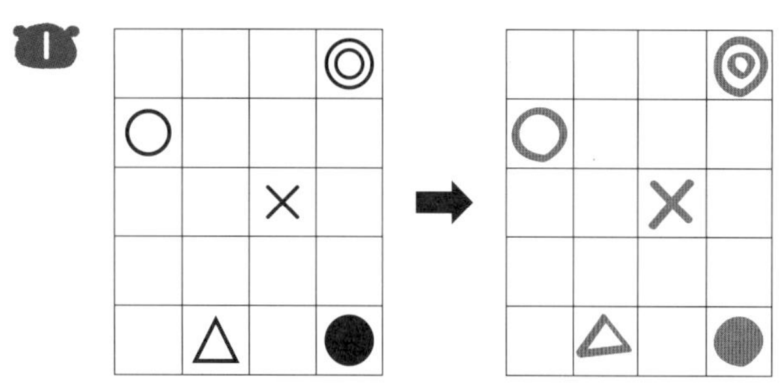

2

3

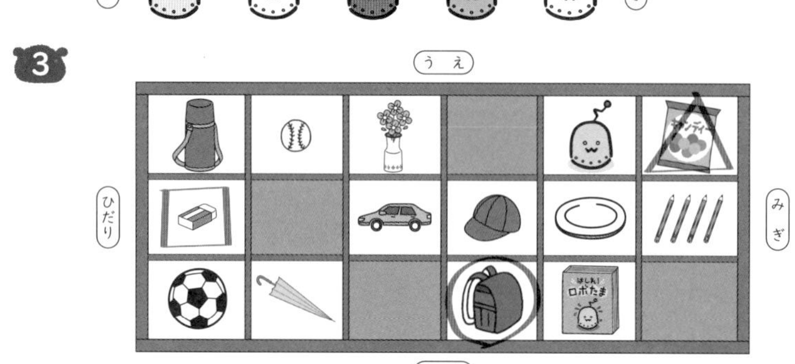

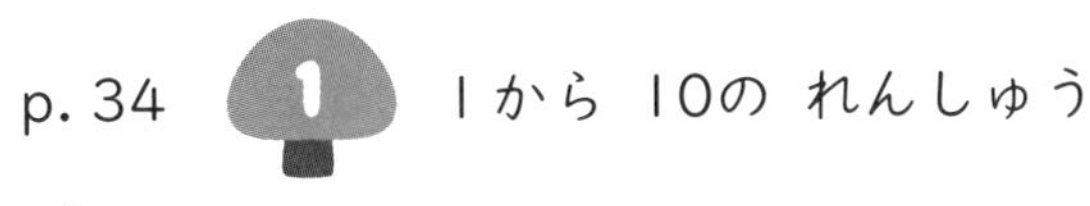

p. 34 1 1から 10の れんしゅう

こたえは、しょうりゃくして います。

p. 35 2 大きいのは どっち？

1 ① ㋑
② ㋐

2 ① ㋐
② ㋑

3 ① 4
② 5
③ 9
④ 10

p. 36 3 ひとつ ふえると

① 2
② 4
③ 6
④ 8
⑤ 10

p. 37 4 ひとつ へると

① 9
② 7
③ 5
④ 3
⑤ 1

p. 38 5 あわせると いくつ？

① 6	④ 4	⑦ 8
② 6	⑤ 8	⑧ 9
③ 5	⑥ 7	⑨ 9

ロボたまにおしえよう！ 4

p. 39 6 わけると いくつ？

① 1　⑤ 2
② 2　⑥ 6
③ 4　⑦ 3
④ 1　⑧ 5

p. 40-41 7 10を わけよう

1 ① 6
② 1

2 ① 4　④ 9
② 2　⑤ 8
③ 5

3 ① 1
② 3
③ 5

4 ① 4
② 6
③ 2
④ 8

ロボたまにおしえよう！ 2、7

p. 42 8 たしざん　あわせて いくつ？

しき　3＋6＝9
こたえ　9人

ロボたまにおしえよう！ あわせる、9

p. 43 9 たしざん ふえると いくつ？

1 しき　3＋2＝5
こたえ　5本

2 しき　7＋2＝9
こたえ　9ひき

ロボたまにおしえよう！ 入れる、7

p. 44-45 10 10までの たしざん

1
① 9
② 10
③ 8
④ 4
⑤ 7
⑥ 5
⑦ 9
⑧ 9
⑨ 10
⑩ 6
⑪ 7
⑫ 10
⑬ 7
⑭ 8

2
① 2
② 3

3 しき 7+2=9
こたえ 9まい

4 しき 3+0=3
こたえ 3てん

ロボたまにおしえよう! 6

p. 46 11 ひきざん のこりは いくつ?

しき 8−3=5
こたえ 5だい

ロボたまにおしえよう! のこり、2

p. 47 12 ひきざん ちがいは いくつ?

1 しき 3−1=2
こたえ 2こ

2 しき 9−6=3
こたえ 3まい

ロボたまにおしえよう! ちがい

p. 48-49 13 10までの ひきざん

1
① 6
② 1
③ 2
④ 4
⑤ 1
⑥ 2
⑦ 4
⑧ 3
⑨ 7
⑩ 1
⑪ 5
⑫ 2
⑬ 5
⑭ 2

2 ① 0
② 3

3 しき 10−2=8
こたえ 8とう

4 しき 8−6=2
こたえ 赤い 花が 2本 おおい

ロボたまにおしえよう! のこり

p. 50-51 14 10より 大きい かず①

1 ① 2 ② 8
③ 5 ④ 4
⑤ 1

2 ① 13 ④ 17
② 14 ⑤ 11
③ 18 ⑥ 19

ロボたまにおしえよう! 10、5

p. 52-53  10より 大きい かず②

1 ① 15、17
② 19、16

2 ① 13 ② 20

3 ① 17
② 13
③ 19
④ 17

4 ① 15 ② 13

5 ① 17 ⑥ 13
② 16 ⑦ 15
③ 18 ⑧ 10
④ 16 ⑨ 16
⑤ 14 ⑩ 12

ロボたまにおしえよう! 4、10

p. 54-57  くり上がりの ある たしざん

1

① (1)(3) 13　⑤ (2)(5) 15

② (1)(5) 15　⑥ (2)(1) 11

③ (6)(1) 16　⑦ (8)(1) 18

④ (7)(1) 17　⑧ (5)(1) 15

2

① 11　④ 14

② 12　⑤ 11

③ 16　⑥ 14

3

① 15　⑪ 13

② 11　⑫ 10

③ 10　⑬ 12

④ 11　⑭ 16

⑤ 16　⑮ 10

⑥ 14　⑯ 18

⑦ 12　⑰ 14

⑧ 17　⑱ 15

⑨ 10　⑲ 11

⑩ 13　⑳ 13

4 しき　9+3=12

こたえ　12人

5 しき　5+6=11

こたえ　11本

6 しき　8+5=13

こたえ　13だい

ロボたまにおしえよう!　2、2、1、2、10、1

p. 58-61  くり下がりの ある ひきざん

1

① (9)(1) 4

② (9)(1) 5

③ (8)(2) 4

④ (7)(3) 6

⑤ (6)(4) 5

⑥ (5)(5) 7

⑦ (4)(6) 9

⑧ (3)(7) 8

2 ① 8 ⑪ 9
② 5 ⑫ 6
③ 6 ⑬ 7
④ 7 ⑭ 4
⑤ 3 ⑮ 8
⑥ 9 ⑯ 9
⑦ 7 ⑰ 7
⑧ 8 ⑱ 7
⑨ 8 ⑲ 3
⑩ 6 ⑳ 4

3 しき 15−7=8
こたえ 8ぴき

4 しき 13−7=6
こたえ ねこが 6ぴき おおい

5 しき 16−9=7
こたえ 7まい

ロボたまにおしえよう！ ⑨ ①、6、1、6

p. 62-63 18 3つの かずの けいさん①

1 しき 5+2+1=8
こたえ 8わ

2 しき 9−4−2=3
こたえ 3こ

3 ① 9 ⑩ 4
② 9 ⑪ 1
③ 10 ⑫ 3
④ 12 ⑬ 6
⑤ 10 ⑭ 1
⑥ 17 ⑮ 3
⑦ 15 ⑯ 6
⑧ 11 ⑰ 4
⑨ 16 ⑱ 5

ロボたまにおしえよう！ 10、10、5

p. 64-65 19 3つの かずの けいさん②

1 しき 5+3−2=6
こたえ 6こ

2
① 4
② 3
③ 6
④ 7
⑤ 6
⑥ 5
⑦ 9
⑧ 5

ロボたまに おしえよう! 2、7、7、2

p. 66-67 20 100までの かず、100より 大きい かず

1 69

2 100

3
① 57
② 80
③ 8、2
④ 1、2、4

4
① 100、120
② 99、97、96

ロボたまに おしえよう! 100、1

p. 68-69 21 2けたの たしざん

1
① 25
② 48
③ 70
④ 100
⑤ 54
⑥ 68
⑦ 92
⑧ 79

2 しき 40+60=100
こたえ 100まい

ロボたまに おしえよう! 27、一

p. 70-71 22 2けたの ひきざん

1
① 43
② 63
③ 60
④ 80
⑤ 60
⑥ 70
⑦ 6
⑧ 49

2 しき　90－40＝50

こたえ　50円

ロボたまにおしえよう！ 32、一

p. 72-73  とけい

1 ① 8じ

② 9じ30ぷん（9じはん）

③ 1じ12ふん

④ 11じ46ぷん

2 ① 　② 　③ 

ロボたまにおしえよう！ 11、55

p. 74-75  ながさの くらべかた

1 ① ㋑　② ㋐

2 ① ㋑　② ㋑

3 ① ㋑　② ㋐

4 1ばん ㋒

2ばん ㋐

3ばん ㋑

4ばん ㋓

ロボたまにおしえよう！ ㋐

p. 76  ひろさの くらべかた

① ㋑

② ㋑

ロボたまにおしえよう！ 16

p. 77　26　かさの　くらべかた

1　①　ⓘ

②　ⓐ

2　ⓘ

ロボたまに おしえよう!　おなじ

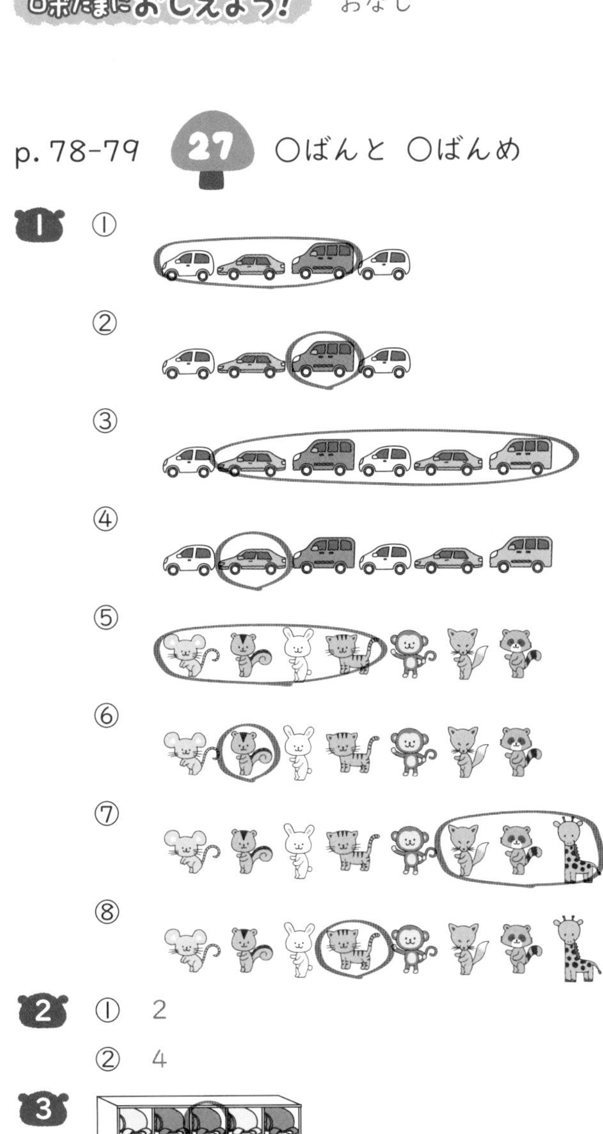

p. 78-79　27　○ばんと　○ばんめ

1　①

②

③

④

⑤

⑥

⑦

⑧

2　①　2

②　4

3

③　2、2

ロボたまに おしえよう!　こ（つ）、こめ（つめ）